# 建筑效果图设计与制作

JIANZHU XIAOGUOTU SHEJI YU ZHIZUO

主　编◎王海涛

副主编◎王秀娟　刘国辉

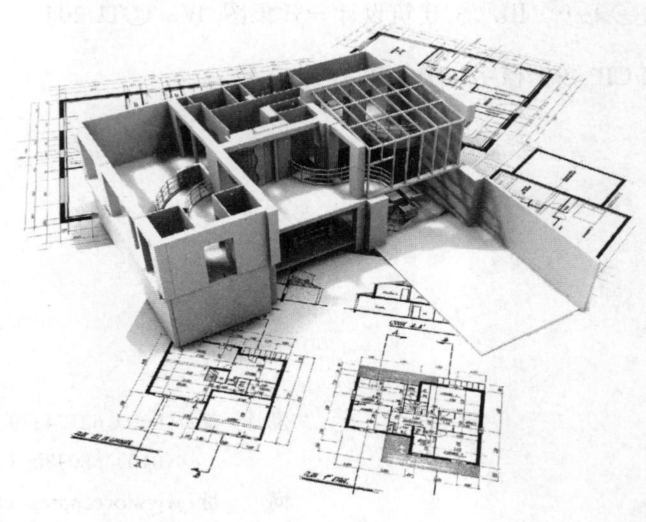

海洋出版社

2014年·北京

## 内 容 简 介

建筑效果图设计与制作是建筑设计专业非常重要的一门课程。本书由认识设计师的工作、了解设计师的工作内容及工作流程，到设计师必须掌握的制图软件结合实际案例进行详细的讲解，使初学者在学习后可以在走上工作岗位后尽快熟悉、掌握各种细节，从而将更多的精力投入到设计师的创作领域。

适用读者：本书的主要学习对象是学习室内外设计的初学者。

**图书在版编目(CIP)数据**

建筑效果图设计与制作/王海涛主编.—北京：海洋出版社，2013.6

ISBN 978-7-5027-8597-0

Ⅰ.①建… Ⅱ.①王… Ⅲ.①建筑设计－效果图 Ⅳ.①TU204

中国版本图书馆 CIP 数据核字(2013)第 141432 号

总 策 划：张鹤凌

责任编辑：张鹤凌

责任校对：肖新民

责任印制：赵麟苏

排 版：海洋计算机图书输出中心 晓阳

出版发行：海洋出版社

地 址：北京市海淀区大慧寺路 8 号（716 房间）100081

技术支持：（010）62100059

发 行 部：（010）62174379（传真）（010）62132549（010）68038093（邮购）（010）62100077

网 址：www.oceanpress.com.cn

承 印：北京画中画印刷有限公司

版 次：2013 年 6 月第 1 版 2014 年 2 月第 3 次印刷

开 本：787mm×1092mm 1/16

印 张：9

字 数：210 千字

定 价：25.00 元

本书如有印、装质量问题可与发行部调换

# 前　　言
# Preface

在建筑工程专业的专业基础课程中，建筑效果图的制作与设计的重要性显得尤其突出。学生不仅要对设计师的工作内容、工作流程有一定了解，还要对不同室内装饰风格、装饰中所涉及材料以及3ds MAX软件非常熟悉。可以说，建筑效果图制作与设计是理论学习与实践认知和动手操作并重的一门课程。

作为建筑工程专业的专业基础课程的教材，天津市第一商业学校的教师总结多年的教学经验，根据中等职业技术学院学生的学习特点和学科特点，采用熟悉工作流程-基础知识-必备软件知识-案例学习-动手操作的教学顺序进行编写。力求帮助学生通过有限的学时，尽可能多地为将来所从事职业做好行业、理论和实际技能方面的准备。

在教材的编写过程中，我校王海涛老师深入壹墨品筑室内设计工作室进行社会实践，将实际行业的工作流程、工作质量标准和软件操作水平要求融入教材的编写中，使学生在掌握达到学校教学要求的同时，基本具备了完成实际工作的能力。

在教材的编写过程中，壹墨品筑工作室王治高级设计师对教材的规划和编写提供了非常宝贵的意见，刘国辉设计师参与了教材的编写工作，房常健设计师提供了大量的素材及案例的录屏工作，在此仅表示衷心感谢。

由于时间仓促及自身专业水平有限，书中难免存在不足之处。恳请广大堵住多予指正，我们会不断加以完善，不胜感谢。

编　者

2013年6月

# 目　　录
Contents

## 第一部分　室内效果图设计


第一章　室内设计师的工作性质和业务流程 ........ 2

第一节　室内设计师的工作性质 ........ 2

第二节　家装设计业务流程 ........ 2

第二章　室内设计的基础知识 ........ 4

第一节　室内设计的定义、内容 ........ 4

一、什么是室内设计 ........ 4

二、室内设计的内容 ........ 4

三、室内设计的分类 ........ 5

四、室内设计风格 ........ 5

五、室内设计的基本原则和一般方法 ........ 11

六、室内设计的工作流程 ........ 14

七、室内设计的一般方法 ........ 15

第二节　室内设计的常用材料 ........ 15

一、石材 ........ 15

二、砖材 ........ 19

三、石膏 ........ 19

四、陶瓷 ........ 20

五、木材 ........ 21

六、玻璃 ........ 24

七、金属 ........ 25

八、油漆 28
九、涂料 28
十、壁纸、壁布 29

第三章 室内设计中平面图的相关知识 31

第一节 CAD 图纸绘制方法 31
第二节 房型布局图的制作 41
一、原始结构图 41
二、拆改图 43
三、新建墙体图 44
四、平面布局图 45
五、家具尺寸图 46
六、地面铺装图 47
七、顶面布置图 48
八、顶面尺寸图 49
九、灯位尺寸图 50
十、电路布置图 51
十一、强电布置图 52
十二、弱电布置图 53

第四章 室内效果图的制作 54

一、建模 54
二、合并 65
三、材质 66
四、室内渲染表现与出图流程 75
五、V-ray 渲染器的调节 75
六、灯光 77

第二部分 室外效果图设计

第五章 室外建筑效果图制作 80

第一节 实地测量绘制手绘草图 81
第二节 绘制 CAD 图纸 83
一、设置绘图环境 83
二、绘制辅助线 87
三、绘制底层和标准层立面 88

第三节　3ds MAX 模型的制作 ........ 92
一、图样的调整和导入 ........ 92
二、图样文件的导入 ........ 94
三、教学楼模型的创建 ........ 94
四、窗户的创建方法 ........ 119
五、实训室的创建 ........ 125
六、其他装饰的创建 ........ 132
七、调配并赋予造型材质 ........ 132
八、设置场景灯光 ........ 133
九、渲染输出与后期合成阶段 ........ 134

# 第一部分

## 室内效果图设计

第一章　室内设计师的工作性质和业务流程
第二章　室内设计的基础知识
第三章　室内设计中平面图的相关知识
第四章　室内效果图的制作

第一章

# 室内设计师的工作性质和业务流程

想要成为一名室内设计师，首先要了解的是其工作性质、工作内容以及各项工作的前后顺序。

**知识目标：**

- 了解室内设计师的工作性质。
- 掌握家装设计的业务流程。

## 第一节　室内设计师的工作性质

人们日常生活中的多数时间是在由建筑物的结构和表皮围合起来的室内空间中度过的，这些室内空间为人们的大部分活动提供生活背景环境，并且赋予容纳它的建筑物以灵魂和生命。

专业的室内设计师应能够通过自己的设计实现改善室内空间的功能和品质，包括确保安全和健康，提高民众福祉和劳动生产效率，改善生活品质等目的。室内设计专业领域包含了视觉艺术和功能设计两方面；另外，还要了解建筑材料、构造和技术等知识。

随着社会不断的发展和进步，人们对于生活的质量和品质有了更高的需求，于是，室内设计师成为了人们生活中不可或缺的职业。室内设计的主要目的是结合不同人群的生活习惯、个性及审美观将室内空间功能进行改进，增加美感并提高心理舒适度。

一名成功的设计师应是一个独立从业者，他（她）与任何的个人或企业均属于合作关系，并不是普通的雇佣与被雇佣的关系。也不像普通工作人员那样领取固定薪酬。室内设计师的薪酬模式一般属于绩效薪酬，上不封顶，这主要与设计师自身的能力和努力有很大关系。

## 第二节　家装设计业务流程

家装设计业务流程如图 1-1 所示。

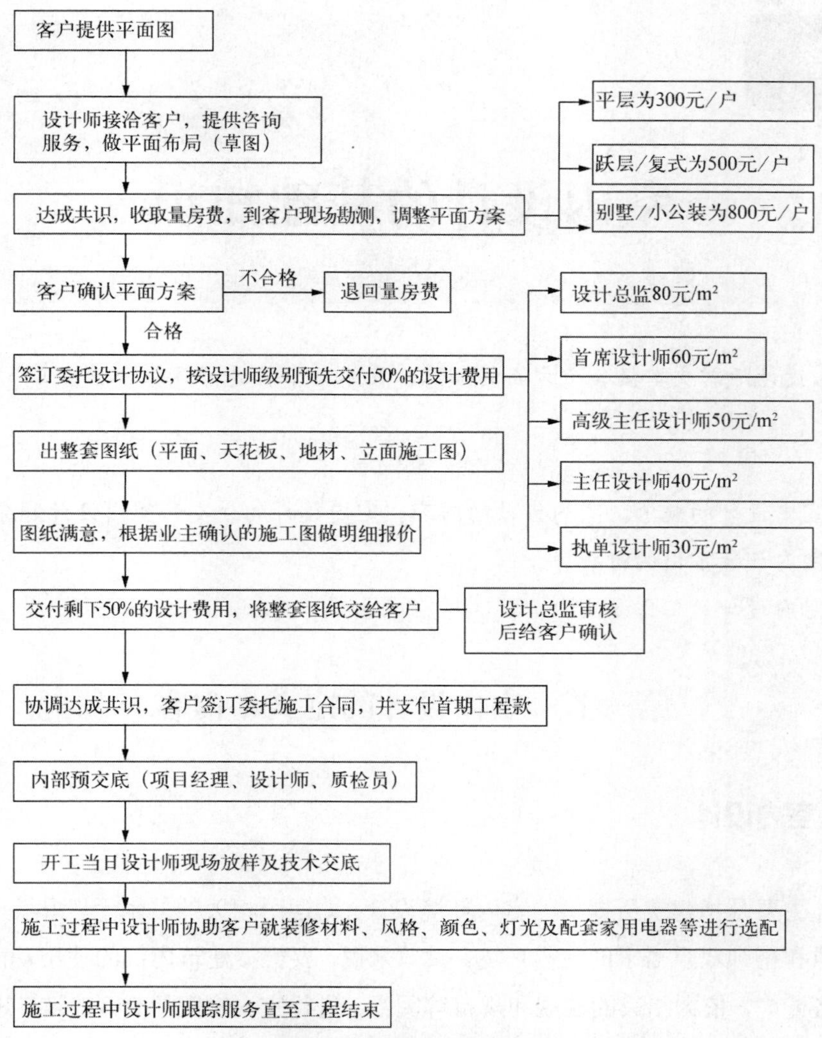


**图 1-1　家装设计业务流程**

第二章

# 室内设计的基础知识

做为一名设计师需要掌握各个方面的知识，在本章中将进行详细介绍。

**知识目标：**

- 了解室内设计的概念、室内设计的内容、室内设计的分类和室内设计的分类。
- 掌握室内设计常用的材料。
- 掌握室内设计的工作方法。

## 第一节　室内设计的定义、内容

### 一、什么是室内设计

室内设计主要是指建筑所提供的室内环境设计，即运用相关的技术手段和美学原理，创造满足人们物质和精神双重需求的室内环境。具体来说，要根据建筑内部的使用功能、艺术要求和业主的经济能力，依据相关的法规和规范等因素，进行室内空间组合、改造，进行空间界面形态、材料、色彩的构思和设计，通过一定的物质技术手段，最终以视觉传媒的形式表达出来。

### 二、室内设计的内容

**1. 室内空间的组织与安排**

包括室内平面功能的分析、布置和调整，以及对原有不合理部分的改建和再创造。

**2. 室内界面设计**

包括室内地面、墙面、顶棚的使用分析，形态、色彩、材料及相关构造的设计。

**3. 室内物理环境设计**

包括室内的使用要求，进行声、光、电的设计和改造，创造良好的室内采光、照明、音质以及温、湿度环境，要与室内空间和各界面的设计协调。

**4. 室内装饰设计**

即在前期装修的基础上，通过家具、灯具、织物、绿化、陈设等的选用、设计及布置，进行室内氛围的再创造，升华最终的设计效果。

## 三、室内设计的分类

**1. 居住建筑室内设计**

居住建筑室内设计主要包括住宅、公寓和宿舍的室内设计，具体包括客厅、餐厅、卧室、书房、厨房、浴厕和阳台的设计。

**2. 公共建筑室内设计**

公共建筑的类型主要包括文教建筑、医疗建筑、办公建筑、商业建筑和娱乐建筑这几类。

（1）文教建筑室内设计：主要涉及幼儿园、学校、图书馆、科研楼的室内设计，具体包括门厅、过厅、中庭、教室、活动室、阅览室、实验室、机房等室内设计。

（2）医疗建筑室内设计：主要涉及医院、诊所、疗养院的建筑室内设计，具体包括门诊室、检查室、手术室和病房的室内设计。

（3）办公建筑室内设计：主要涉及行政办公楼和商业办公楼内部的办公室、会议室以及报告厅的室内设计。

（4）商业建筑室内设计：主要涉及营业厅、专卖店、酒吧、茶室、餐厅的室内设计。

（5）娱乐建筑室内设计：包括各种舞厅、歌厅、KTV等的室内设计。

**3. 工业建筑室内设计**

工业建筑室内设计包括各类厂房的车间及辅助用房的室内设计。

**4. 农业建筑室内设计**

农业建筑室内设计则包括各业农业生产用房，如种植房、饲养房等。

## 四、室内设计风格

所有的室内装饰都有其特征，但这个特征又有明显的规律性和时代性，把一个时代的室内装饰特点以及规律性的精华提炼出来，在室内的各面模型及家具模型上表现出来，称为室内装饰风格。

这些多元特征的设计风格大概分为以下几种。

**1. 现代简约风格**

该风格的特点是设计简朴、通俗、清新，更接近人们的生活（图 2-1）。其装饰设计主要由曲线和非对称线条构成，如花、花蕾、葡萄藤、昆虫翅膀以及自然界的各种图案等（图 2-2）。这些图案可出现在墙面、栏杆、窗棂和家具等装饰上。线条大多柔美雅致，整个立体形式都有条不紊，众多有节奏的曲线融为一体，大量使用铁制构件，将玻璃、瓷砖、铁艺制品、陶瓷制品等综合运用于室内，注意内外沟通，竭力给室内装饰引入新意。现代简约风格设计多采用玻璃、铁艺、陶瓷制品作为原料（图 2-3）。

图 2-1　现代简约风格（一）

图 2-2　现代简约风格（二）

图 2-3　现代简约风格（三）

现代简约风格强调的是“时尚、实用”的家居设计理念，但设计、材料准备以及施工过程却并不简单。而是经过深思之后创新得出的设计思路的延展，不是纯粹的“堆砌”和随意的摆放。下面就介绍一些现代简约风格装修的注意事项。

现在家庭的简约不只是说装修的简约，还体现在家居配饰上的简约。如果房间的面积不大，就没有必要为了显示自己的经济实力而购置体积较大的物品，相反应该就生活所必需品的配置为主，而且以不占面积、可折叠、多功能等为宜。图 2-4～图 2-6 即为现代简约风格的家居装饰示例图。

图 2-4　现代简约风格示例图（一）

图 2-5　现代简约风格示例图（二）

图 2-6　现代简约风格示例图（三）

在家具配置上以白亮光系列家具为主，独特的光泽使家具倍显时尚，使居者具有舒适与美观并存的享受。

装修的简约一定要从务实出发，切忌盲目跟风而不考虑其他的因素。简约的背后也体现一种现代“消费观”，即注重生活品位，注重健康时尚，注重合理节约、科学消费。

**2. 园林风格**

园林风格有中西之分，这里主要介绍中式园林风格。园林风格在室内空间较大的情况下应用会有较好的效果。所谓中式园林风格，就是指在家庭装饰中体现中式园林、庭院的设计要素和装饰形式，采用灵活多变的处理手法，使家中具有园林特征的景象空间。如，在楼梯下的一角设置假山叠泉；又如，将阳台辅上鹅卵石，顶上置一花架。这样的设计，既将园林形式引入室内，为室内增加绿意，又扩大了居室的外延空间，一举两得。园林风格的设计中通常将传统的民族形式、园林形式、庭院形式，作为空间的连接、隔断、转换和过渡，以便将园林景象引伸、渗透到室内来，加上古典中式家具和绿色植物的点缀，达到移步换景、别有洞天的装饰效果（图 2-7）。

**3. 中式风格**

从室内空间结构看，中式风格的室内装饰以木质为主，常见的结构形式有抬梁、斗拱、檐柱、梁枋、隔扇、屏门、花罩、藻井、镂窗等各种中式建筑要素或者是它们的变形，从室内空间组合来看，都是对称布置，平面辅开，注重水平方向的开阔，在局部装饰方面注重细节。从家居的装饰形式来说，民宅较为朴素，而官宅则显得非常豪华，装饰用色多用原色处理，并注重在强烈、鲜明的色彩关系中进行对比和调和，具有典型的民族传统特色。

图 2-7 中式园林风格室内设计

图 2-8 中的客厅借用了背景墙展现客厅的高贵，金色的镜面玻璃加上挥洒自如的水墨四联挂屏作为客厅的主题墙，既有古代宫廷的贵气又颇具风韵，是整个空间最值得刻画的部分。

图 2-8 中式风格室内设计

而在图 2-9 中，圆形的吊顶，回字形的拼砖地面，这种天圆地方的室内设计受到了中国风水学说的影响，运用在中式餐厅设计中显得十分得体。

图 2-9　中式风格示例图

**4. 欧式风格**

欧式风格是一种追求华丽、高雅的古典风格，家具多以白色或深色木纹色为主，家具多为古典弯腿式，擅用各种花饰、线条变化丰富，富丽的窗帘是西式传统装饰的固定模式，空间环境多表现华美、富丽、浪漫之感，再配以相同格调的壁纸、地毯等装饰织物，给室内增添了端庄、典雅的气氛（图 2-10）。

图 2-10　欧式风格

## 五、室内设计的基本原则和一般方法

室内设计要以人为本，要遵循以下原则。

**1. 使用功能适用原则**

室内使用功能包括物质使用和精神感受两方面的内容。从物质使用功能上来说，室内空间的组织，平面布置的合理与否，直接影响到后期使用者的舒适度、方便性；在精神感受层面要带给人以美的享受，从而满足人们对于形式、色彩、尺度、比例等方面的审美需求。

家庭装修要的是对艺术美的追求，但必须以尊重主人的生活习惯为前提，艺术取向要与生活价值取向相一致，与生活习惯相和谐。

**2. 安全健康原则**

随着人们生活水平的提高，人们越来越关注装修后的环境安全性，这就要求室内设计人员充分了解材料的特性、艺术性与安全适用性的关系，多方面考虑不同年龄层次和情况的安全要求（图 2-11、图 2-12）。

图 2-11　安全健康原则的体现（一）

搞装修也要树立环保意识。在材料的选配上应首选环保材料，注意节能、降耗、无污染，特别要在采光、通风、除臭、防油等方面下功夫。

图 2-12　安全健康原则（二）

**3. 文化艺术原则**

室内设计是一门融科学性和艺术性于一体的学科，设计人员在关注实用性的基础上应高度重视建筑美学原理在室内设计中的运用，将人们对于视觉美感的要求与历史、文化相结合，将业主要求与民族特点、地方风格相结合，设计出美观且品位高雅的作品（图 2-13）。

图 2-13　文化艺术原则的体现

居室的装饰要具有艺术性，特别是要体现个体的独特审美情趣。

**4. 可持续发展原则**

室内设计学科具有非常典型的时效性特点，任何室内设计作品，随着时间的推移、社会生活主流意识等因素的变化，都会面临风格落后、功能退化等问题，因此绝不能将室内设计的依据、功能和审美要求看成是一成不变的，而是要根据时代的变化而变化，与时俱进（图 2-14、图 2-15）。

图 2-14　可持续发展原则的体现（一）

图 2-15　可持续发展原则的体现（二）

2000 年，各种不同家居风格的装修装饰开始注重简洁、明快，强调以人为本，人们对复杂的造型要求越来越少，甚至抛弃使用功能不强的繁琐装饰，开始采用艳丽的纯正色系。

2005～2010 年间家居行业出现了以智能、简约、混合、田园、健康、艺术、古典、奢华、后现代、异域等主流家居风格。

## 六、室内设计的工作流程

一个完整的室内设计通常分为四个阶段，即设计准备阶段、方案设计阶段、施工图设计阶段和设计实施阶段。

**1. 设计准备阶段**

此阶段工作主要是接受业主委托，明确设计任务，签订相关合同，制订相关的设计进度、收费标准，考虑各工种之间配合情况。

**2. 方案设计阶段**

此阶段工作主要是在前期准备的基础上进行立意构思，进行初步方案的设计，主要包括以下几项设计工作（可用草图方式表达）。

（1）室内平面布置图（进行合理的空间分割）。

（2）室内天花布置图。

（3）室内立面图。

（4）室内透视图（效果图），包括整体布局、质量、色彩的表达。

（5）室内设计的材料的实景图（构造详图、材料、设备及家具、灯具详图或实物照片）。

（6）设计说明和造价概算。

**3. 施工图设计阶段**

初步设计方案确定后，即进入施工图设计阶段，此阶段的工作是使方案的内容能够得以深化，便于施工，主要包括（电脑作图阶段）以下 8 项。

（1）室内平面布置图（包括家具布置）。

（2）室内天花布置图。

（3）室内立面展开图。

（4）构造节点详图。

（5）细部大样图。

（6）设备管线图。

（7）施工说明。

（8）造价概算。

**4. 设计实施阶段**

此阶段即室内装修施工阶段，需要设计人员与施工单位进行有效沟通，明确设计意图和相关技术要求，必要时可以根据现场情况进行图纸变更，但前提是必须经设计单位同意且出具设计变更书，施工结束后进行施工质量验收。

## 七、室内设计的一般方法

室内设计工作是以思维劳动为基础，动手绘图为表达的一种设计工作，就设计而言，要从以下几个方面去考虑。

**1. 立意构思要明确**

设计工作之初首先要有一个明确的设计构思和主题立意，能够使后期的所有设计都围绕这一主题展开，如采用哪些设计风格、何种色彩方案等。

**2. 设计思路要清晰**

主题立意确定后，要实现这一立意，就有明确的设计思路。要处理好以下两个关系：整体与局部的关系。室内设计要注重整体性，整体的协调统一与和谐完美对于设计具有统领作用；室内设计同时也要注意局部的精致，必要的细致刻画与营造能够提升整体的品味。

**3. 表达技巧要熟练**

室内设计最终是以视觉传媒的方式表达出来，良好的色彩、比例以及材质运用是一名室内设计人员具备的基本技能。有了这些理念，要靠完整的图纸表达来实现，一方面是手绘技能，多用于初步方案草图绘制，另一方面是对设计人员计算机绘图能力的培养，应熟练掌握各种工具软件，使之为室内设计服务。

# 第二节　室内设计的常用材料

一项完美的室内设计作品的实现最终要靠一系列材料的搭配组合来完成。业主希望得到美观、实用、健康、安全的室内装修；施工人员会关注材料的性能和相应的施工方法与技巧；对于室内设计人员来说，既要满足业主的要求，又要让自己的设计作品成功实现，就必须清楚材料的美学特征、造型性能、健康标准和构造知识。

## 一、石材

石材是室内装修中常用的一种材料，具有高硬度、耐腐蚀、耐磨损、防火性能好等特点。

常用于地面、墙面、柱子以及一些台面的装修。

**1. 天然石材**

（1）花岗岩（图 2-16）：具有抗压强度高、耐磨损、耐腐蚀、吸水率低等特点，但不耐高温，耐火性差，有些花岗岩还有一定的辐射性。

（2）大理石（图 2-17）：硬度适中，耐磨性能低于花岗岩，处理后光泽度高且花纹流畅美丽，装饰性好，多用于墙面、台面的装修，效果豪华大气。

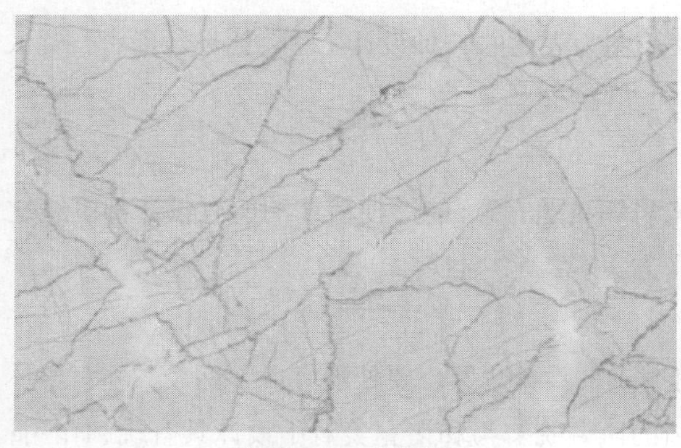

图 2-16　花岗岩

图 2-17　大理石

（3）玉石（图 2-18）：多用于工艺品和首饰。在室内设计中，用于家具的装饰构件、陈设，多用于中式装修，一些玉石的下脚料还可作为底片和墙面的铺装，会产生独具个性的艺术效果。

（4）板岩（图 2-19）：表面光滑，质地坚硬，常见的有青石板、锈板、颜色有黑色、红色、米色和绿色，多用于地面、墙面铺装。

图 2-18　玉石工艺品

图 2-19　板岩用于电视背景墙的设计

（5）外檐毛石（图 2-20）：指表面没有经过加工的天然石材，形状各异，颜色各异，多用于墙面、壁炉，与光洁的表面形成鲜明对比，质感朴实天然，个性突出。

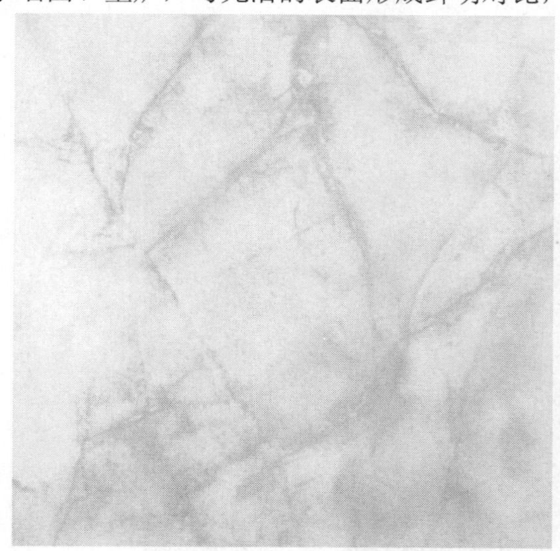

图 2-20　外檐毛石在墙面上的应用

（6）卵石（图 2-21）：表面光滑，形态多样，粒径不同，大块的卵石多用于墙体砌筑，常见于一些公共建筑的中庭景观墙，小块卵石用于地面铺装，还可局部拼花。

图 2-21　庭院卵石设计图

**2. 人造石材**

（1）聚酯型人造石材（图 2-22）：常见的有人造大理石、人造花岗岩，具有轻质高强、耐磨损、耐高温、耐腐蚀等优点，绝缘、加之性能优越，多用于墙面、柱子和台面的装修，无辐射。

图 2-22　不饱和聚酯人造大理石台面

（2）微晶玻璃型人造石材（图 2-23）。

图 2-23　微晶玻璃型人造石材台面

（3）水泥型人造石材（图 2-24）：常见的种类有水磨石，耐磨性能好，价格低廉，多用于楼梯、地面。

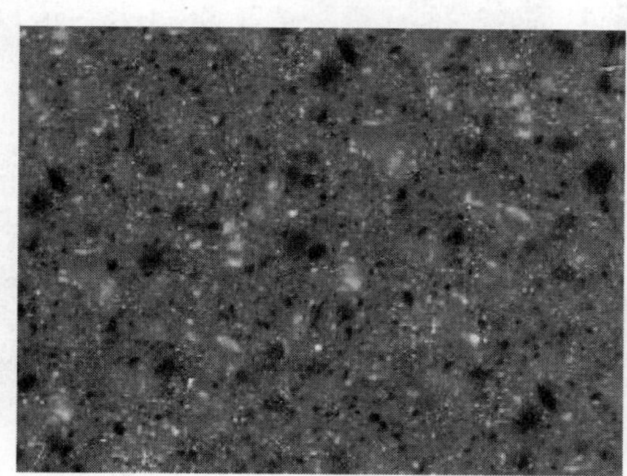

图 2-24　人造水泥石材

## 二、砖材

砖（图 2-25）有悠久的历史，是建筑工程中应用非常广泛的材料，砖具有质量轻、尺寸小，运输方便，保温隔热、隔声效果良好等特点。不同形状的、尺寸、颜色和质感的砖材被广泛应用于墙面、地面等位置，能够营造出返璞归真的自然情调和浓郁的地中海古典气息（图 2-26）。

图 2-25　青砖材质

图 2-26　青砖应用

## 三、石膏

石膏是一种快凝材料，在雕塑方面有着广泛应用，由于其可塑性好，因此也大量出现在室内设计中，多用于线脚、古典柱子的纹饰、吊顶和灯带灯盘。石膏色泽洁白、柔和，多用于营造典雅、高贵的室内氛围（图 2-27～图 2-29）。

图 2-27　石膏吊顶示例图（一）

图 2-28　石膏吊顶示例图（二）

图 2-29　石膏吊顶示例图（三）

## 四、陶瓷

陶瓷是现代室内设计中不可缺少的材料之一，地板、卫生洁具及陈设有很多都是陶瓷制品，因此室内设计人员必须熟悉陶瓷的相关属性。

陶瓷面砖是室内装修中应用最为广泛的一种陶瓷砖，适用于一般的墙面、地面、操作台面的装修，花色多样，有抛光的、粗糙的、平滑的等（图 2-30）。瓷质砖，质地坚硬，具有玻璃一般的特性，耐磨性能优越，但造价高，多用于工装，如车站、商场等处（图 2-31）。尺寸较大的还可用于幕墙的装修。马赛克砖，也称陶瓷景砖，色彩缤纷亮丽，单块面积小，拼贴后有很好的艺术效果。

图 2-30　陶瓷地面砖（一）

图 2-31　陶瓷地面砖（二）

## 五、木材

木材具有易于加工、保温隔热性能好、有一定的弹性、纹理丰富、色泽柔和等优点，但防火性能和腐蚀性能差，木材在室内设计中运用给人以柔和、温馨、天然的感觉。

**1. 实木**

实木指经过粗加工后的原木，即木板、木条、木方等，也是家具等的原材料，如图 2-32、图 2-33 所示。

图 2-32　实木家具

图 2-33　实木楼梯

**2. 复合板（面板）**

复合板是由两片以上的薄木片、较厚的木板或厚纸板压合而成，常见的有胶合板、细木工板，既有天然的木质纹理，又有良好的力学性能，且经济廉价，标准尺寸为1200mm×800mm或1200mm×2400mm，多用水曲柳木、柚木、山榉木、胡桃木、檀木、梨木作为表面材料，不易变形、开裂，可以被加工成曲线形状，但遇水、遇潮容易剥离分层，不宜用于潮湿环境（图2-34）。

图 2-34　木质复合地板

**3. 密度板（刨花板）**

将木材打碎后添加一定的胶凝材料经过高压后形成的人工板材被称为密度板或者刨花板。刨花板有一定的弹性和韧性，但比实木密度大，防水性能极差，遇水后极易膨胀变形，标准尺寸 1200mm×2400mm，适用于室内干燥的环境，能够用于带有曲线造型的装修，且价格便宜（图 2-35～图 2-37）。

图 2-35　密度板

图 2-36　刨花板示例图（一）

图 2-37　刨花板示例图（二）

**4. 贴面材料**

一般的复合木板的表面均要进行贴面处理，这一类面层材料大致有防火板材、人造木纹纸、高分子材料及耐磨的硬塑料等。

## 六、玻璃

玻璃是由石英、石灰等硅酸盐材料在高温下形成的，具有透明、光亮、可塑、耐磨等优点，但易断裂、破碎。

在室内设计中按照不同的功能常用玻璃种类有：平板玻璃、镜面玻璃、磨砂玻璃、压花玻璃、玻璃马赛克、中空玻璃、钢化玻璃、隔热玻璃、单反射玻璃以及防盗玻璃。其中磨砂玻璃、压花玻璃及镭射玻璃由于表面经过一定的处理而呈现出异彩纷呈的艺术效果，可用于室内隔断、幕墙、门窗、屏风、背景墙和灯具装饰（图 2-38、图 2-39）。

图 2-38　玻璃幕墙

图 2-39　支点式玻璃幕墙

## 七、金属

金属具有良好的强度、刚度。在室内设计中，金属多用于铰链、扶手、门把手、水龙头等金属配件。

**1. 铁制品**

铸铁：强度高、价格低廉，多用于栏杆、可根据需要制作不同的图案、花样。

铁艺：当前应用非常广泛的一种铁制品，弯曲成形的栏杆、扶手、围栏、门窗、花架、书架、床等家具制品，艺术形态镂空轻巧，可用于营造浪漫、休闲和古典的设计氛围（图 2-40）。

图 2-40　铁制品的楼梯扶手和护栏

**2. 钢材**

在室内设计中应用最广泛的钢材是轻型钢材，如钢管、方钢、角钢、工字钢等可作为墙筋或龙骨，也可作为轻质隔墙和吊顶的受力骨架。

**3. 不锈钢**

不锈钢具有不锈蚀的优良特性，在卫生间、浴室多用于晾衣架、毛巾架等五金构件，还用于厨房电器、灶台等，如图 2-41 所示。

图 2-41　不锈钢楼梯扶手

**4. 铜制品**

铜具有光泽度好、耐腐蚀性强、可塑性好、耐久性好等特点，在室内设计中可用于装修高贵典雅、富丽堂皇的高级会所、银行、宾馆及大型别墅。通常会将铜镶嵌在石材、木材中作为装饰，也可作为柱头、天花吊顶、墙壁壁板的线脚装饰，铜材还用来制作高档的家具和工艺品，如图 2-42 所示。

图 2-42　铜雕花、铜花格

**5. 铝合金**

铝合金型材具有轻质高强，耐腐蚀、光洁美观等特点，常见的有铝合金门窗、幕墙、吊顶龙骨和隔墙墙筋型材（图 2-43）。

图 2-43　铝合金门

**6. 铝合金板材**

铝合金板材多用于金属幕墙，一些薄型的，且带有压花图案的用在室内可作为背景墙，在消音空间中多用铝合金穿孔板（图 2-44、图 2-45）。

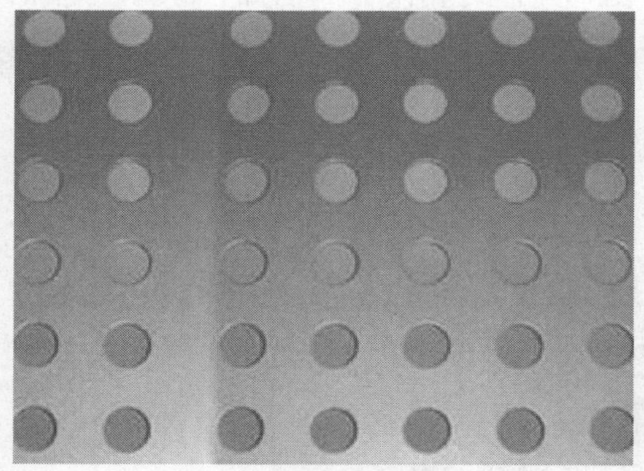
图 2-44　铝合金穿孔板

图 2-45　穿孔吸音板

## 八、油漆

油漆是以有机高分子合成树脂为主要材料，以有机溶剂为稀释剂，配以颜料及其他辅助材料淹没而成的溶剂型涂料，用于器物表面，可使表面光滑、细腻，具有一定的防水性能和耐磨性能，是室内设计中常用的装饰材料。

**1. 油脂漆**

油脂漆用于一般性的涂刷，常见有有清漆、调和漆、防锈漆等。

**2. 天然树脂漆**

天然树指漆施工简便，成本低廉，可用于家具、金属制品的一般性涂刷，但不耐久。

**3. 聚氨酯树脂漆**

聚氨酯树脂漆具有良好的防腐蚀性、耐磨损性，有良好的弹性和绝缘性，广泛应用于家具和室内装饰。

## 九、涂料

在室内设计中常用的涂料有地面涂料、内墙涂料和防火涂料。内墙涂料，常见的有水性涂料和乳胶漆，乳胶漆的耐水性和耐碱性要优于水溶性涂料。

## 十、壁纸、壁布

壁纸（壁布）是一种装饰性很强的室内墙面装饰材料。色彩丰富，花样繁多，可以营造金属质感、油漆质感和织物质感，从田园到古典再到现代、风格多样。

**1. 工程壁纸**

工程壁纸也称素色壁纸，颜色淡雅，线条稀疏，多用于公共建筑如办公楼群、宾馆客房的室内装修（图 2-46）。

图 2-46　应用于墙面的壁纸

**2. 艺术壁纸**

艺术壁纸指印有大幅风景或油画图案的壁纸，适用于室内整面墙体的粘贴，有很强的装饰效果（图 2-47）。

图 2-47　艺术壁纸在室内设计中的应用

**3. 功能壁纸**

功能壁纸包括防水壁纸、防火壁纸、防霉壁纸等（图 2-48）。

图 2-48　防水壁纸

**4. 壁布**

壁布与壁纸具有同样的装饰效果，厚布比壁纸厚，但具有保温隔热性能，且质感丰富，有布纹、仿树皮、动物皮革、粗布等（图 2-49）。

图 2-49　用于墙面的壁布

第三章

# 室内设计中平面图的相关知识

作为一名室内设计师，在掌握了设计的工作流程后，就要开始着手设计了，下面以一套完整的二居室的平面房型图为例，讲解 CAD 平面图的绘制过程。

**知识目标：**

- 掌握使用 CAD 软件绘制图纸的方法和能力。
- 掌握房型布局图的制作方法。

## 第一节　CAD 图纸绘制方法

CAD 图纸的绘制是在测量完房型草图的基础上，在电脑上展示出完整的电子图的工作过程。具体操作步骤如下。

**1. 设置图层（图 3-1）**

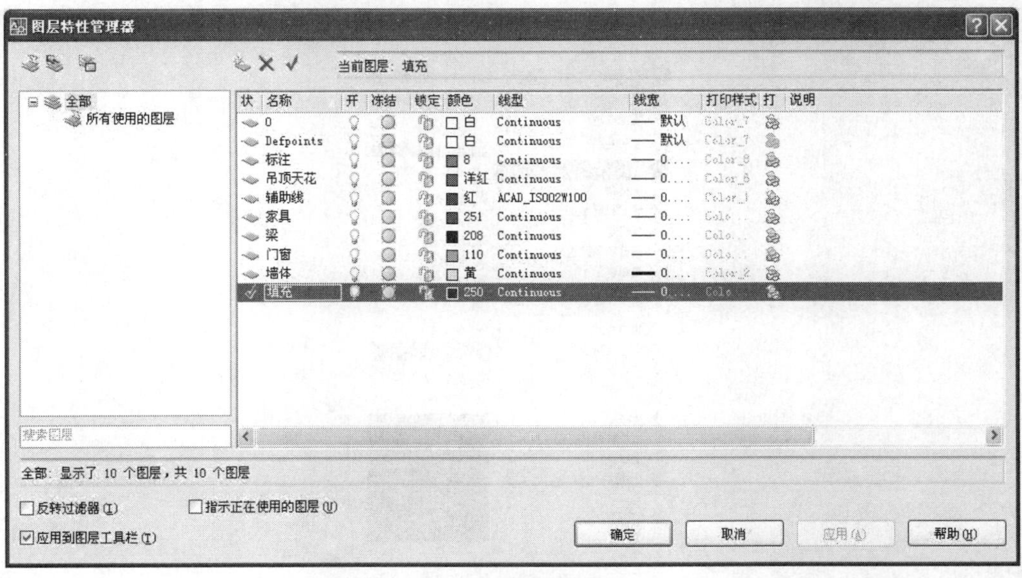


图 3-1　图层设置

**2. 房型平面图的画法**

（1）选择“墙体”层，如图 3-2 所示，进行绘制。

图 3-2 “墙体”层

（2）先画一条 1000 长度的细实线，如图 3-3 所示，进行实时测试，操作方法是“视图/缩放/缩小”，如图 3-4 所示。

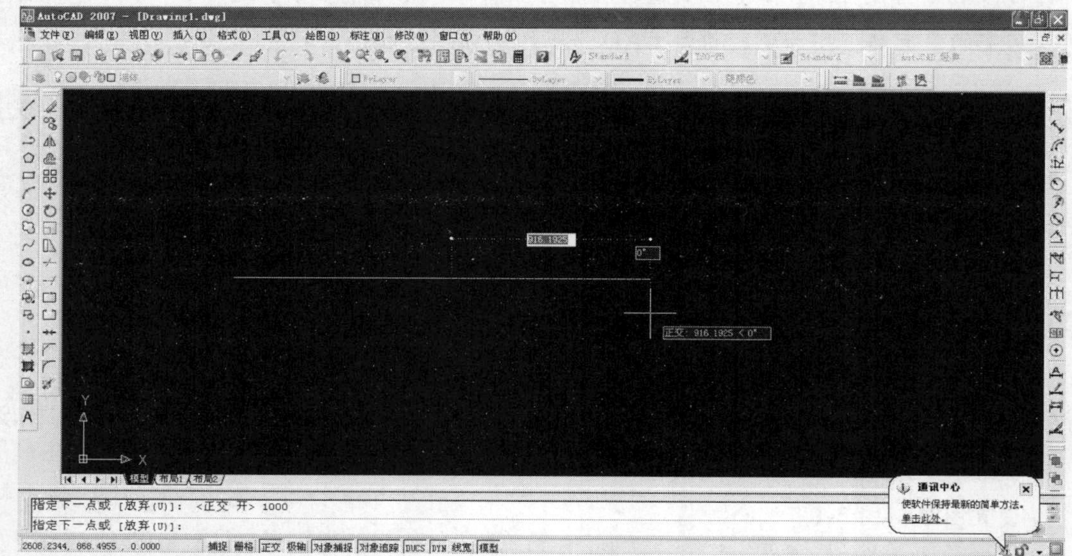


图 3-3 绘制直线

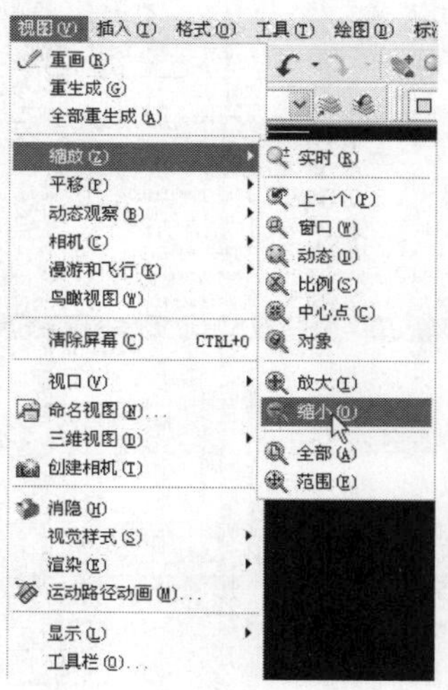


图 3-4 实时测试

关闭 ucs 打开正交开关（按【F8】键），如图 3-5 所示。

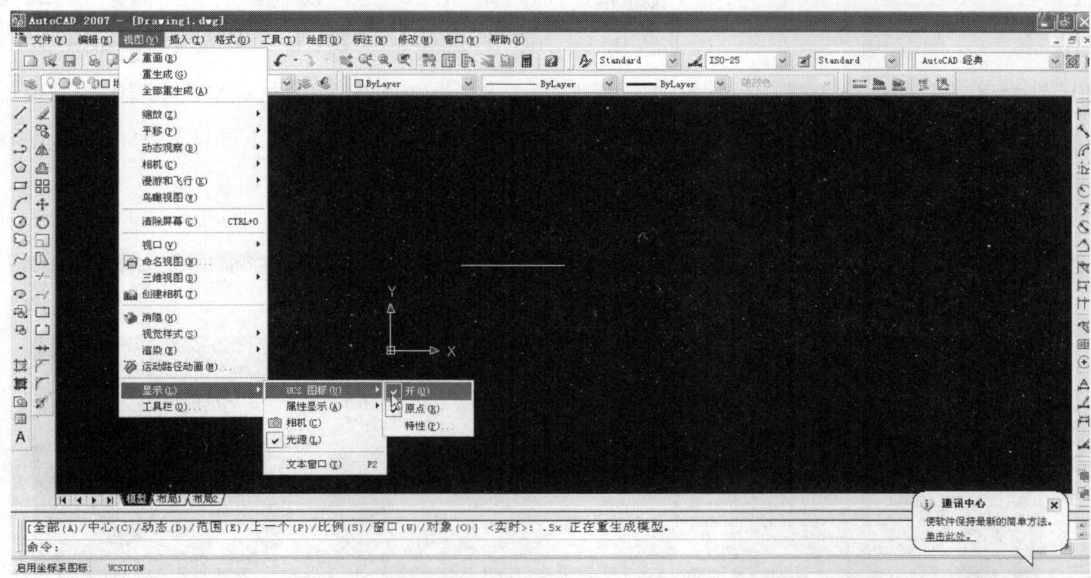


图 3-5　关闭 ucs 坐标

（3）使用直线完成房型内墙的基本结构图，如图 3-6 所示，参照图纸尺寸完成，如图 3-7 所示。

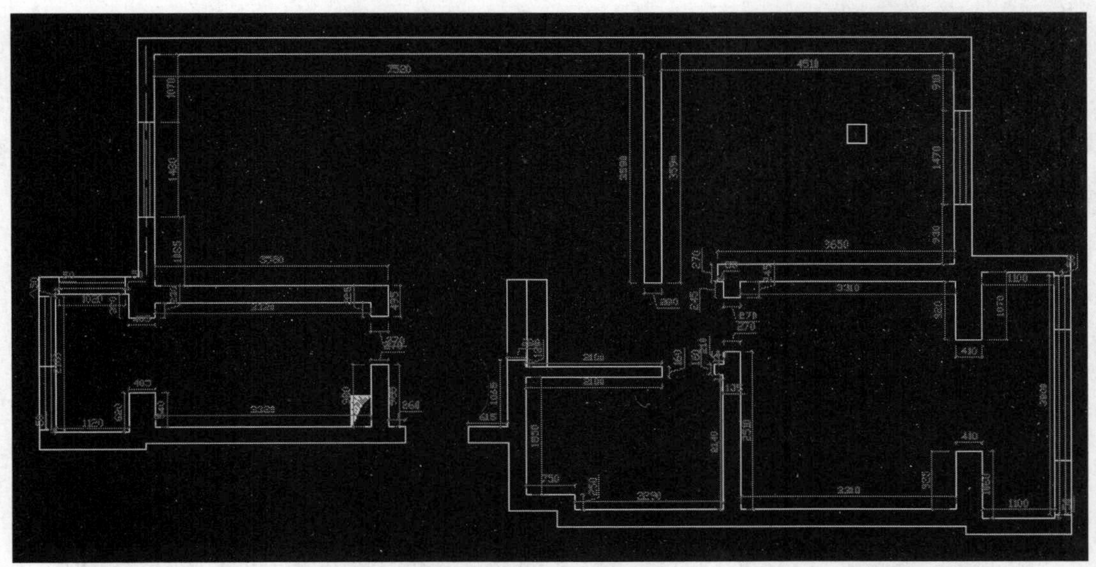

图 3-6　内墙基本结构图

方法是给直线命令，从一个点开始画直线指向右输入：615　上 1065 右 250 下 120　左 2100

下 160 左 2100 下 1850 右 750 下 250 右 290 上 2140 左 135 上 160 右 140 上 210 右 270 下 2510 右 3310 上 925 右 420 下 1060 右 1100 上 3800 上 50 左 110 下 1070 左 410 上 920 左 3310 下 245 左 270 上 245 左 80 上 270 右 360 上 930 上 1470 上 910 左 4510 下 3590 左 280 上 3590 左 7520 下 1070 下 1480 下 1085 右 3580 下 495 左 270 上 225 左 3320 下 230 左 405 上 380 左 270 上 225 左 3320 下 230 左 405 上 380 左 50 左 50 下 50 下 2100 下 50 右 1120 上 620 右 405 下 540 右 3320 上 980 右 270 下 985 右 260。

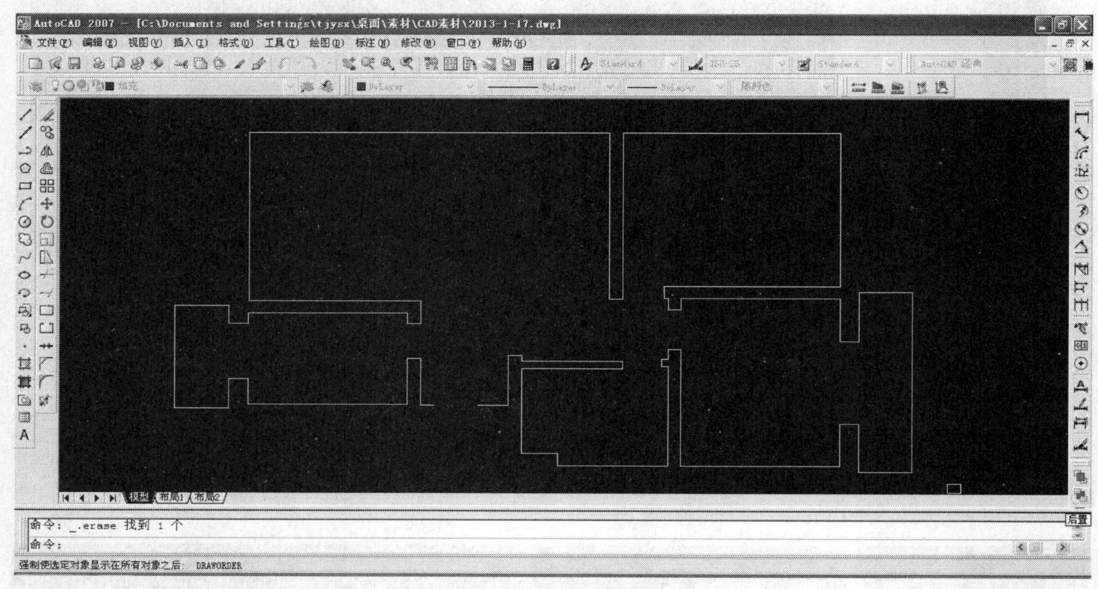


图 3-7 内墙的绘制

（4）使用“偏移”工具（O），偏移值为 260，如图 3-8 所示，完成外墙的绘制，并结合“圆角”工具（F）完成外墙线的衔接，如图 3-9 所示。

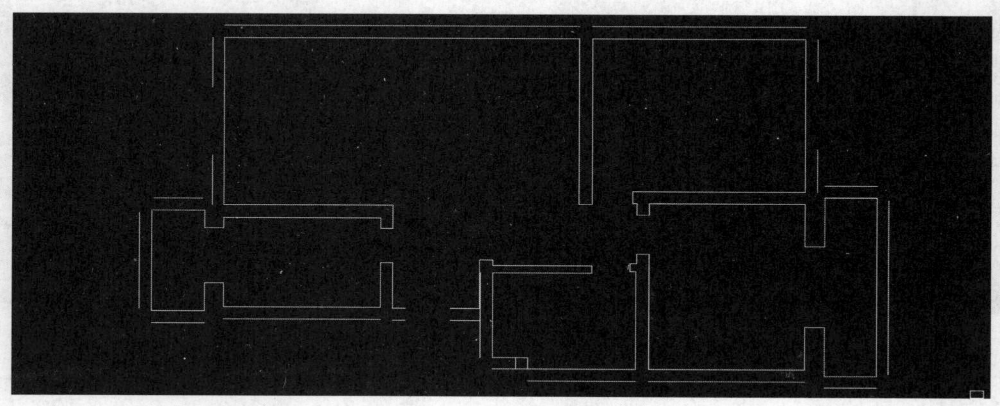

图 3-8 偏移内墙

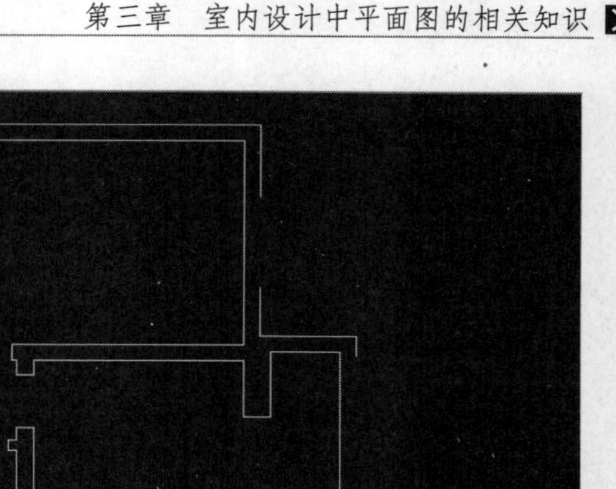

图 3-9 完成外墙的衔接

（5）选择“梁”图层，使用直线绘制如图 3-10 所示。

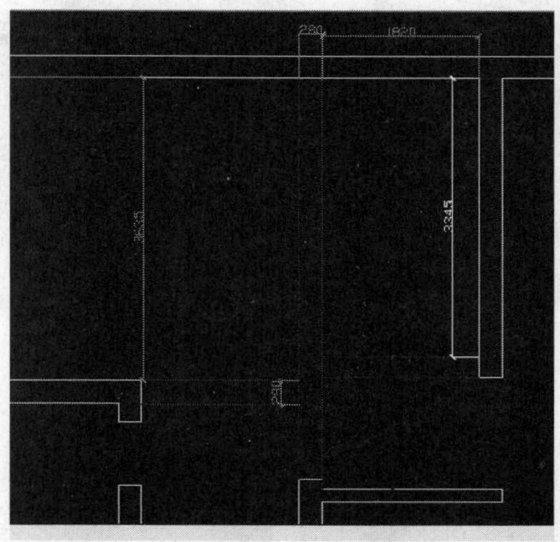


图 3-10 “墙体”层

对梁高、梁宽文字说明，如图 3-11 所示。

（6）窗户的制作。选择“门窗”图层，运用直线完成图中窗户的制作；选择“填充”图层画出窗户的宽度，偏移 80，如图 3-12 所示。

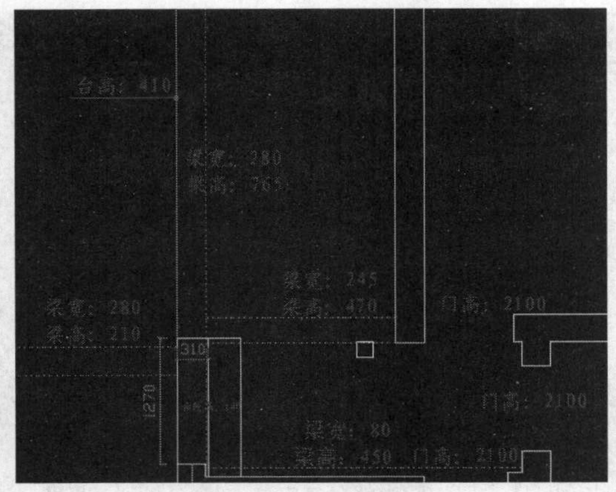


图 3-11 文字说明

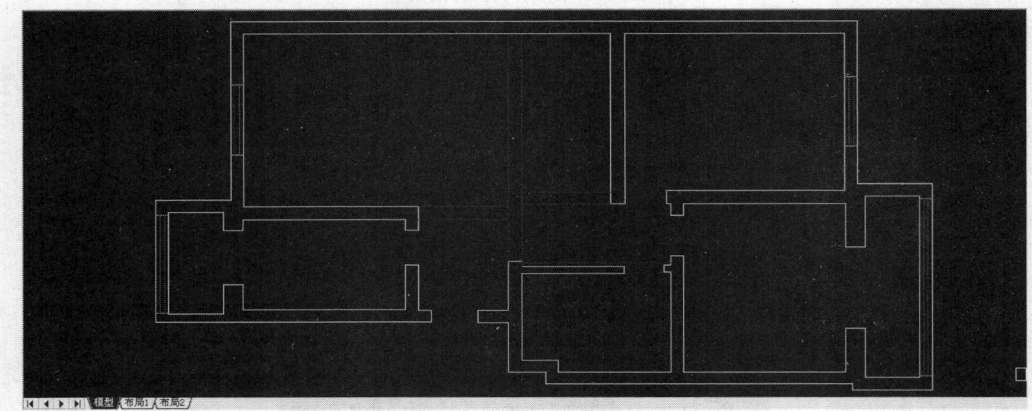

图 3-12 窗户的制作

对窗宽、窗高、台高、门口高度文字说明，如图 3-13 所示。

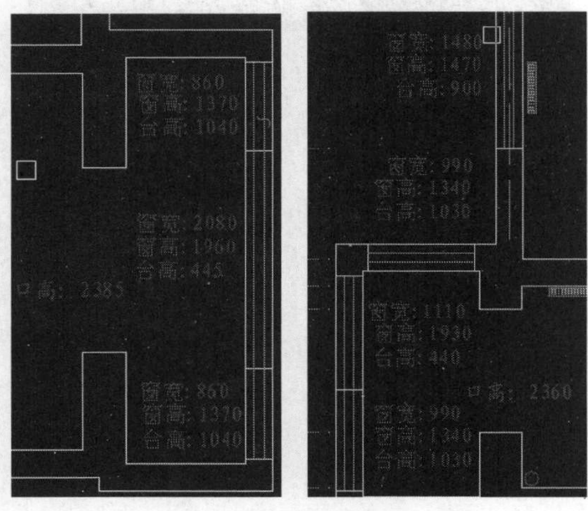


图 3-13 “墙体”层

（7）其他设备依据现场实地测量情况而定，测量依据如下。

地漏：以设备的中心点为测量，距左右墙面的位置而定。

电箱：电箱的长、宽测量距地面、墙面的距离。

煤气管道：管道最外侧（以包住管道为准）与墙的距离。

在平面图中的表现可将现有的图例导入图中。

**3. 标注的设置**

（1）设置标注样式的大致步骤为：标注→标注样式→修改。设置“直线”的参数，如图 3-14 所示。设置“符号和箭头”的参数，如图 3-15 所示。设置“文字”的参数，如图 3-16 所示。设置“主单位”的参数，如图 3-17 所示。

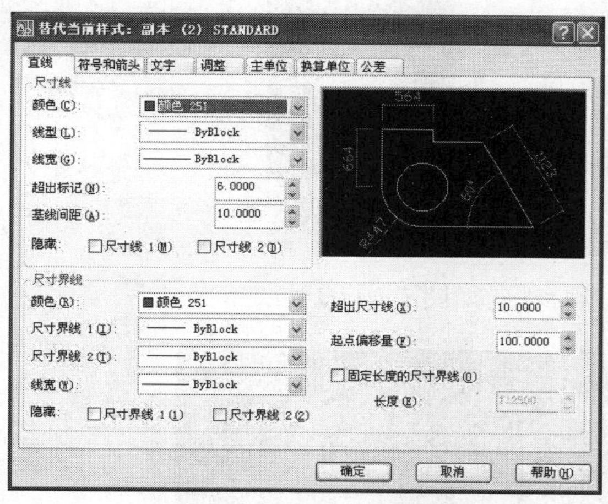


图 3-14 “直线”参数设置

图 3-15 “符号和箭头”参数设置

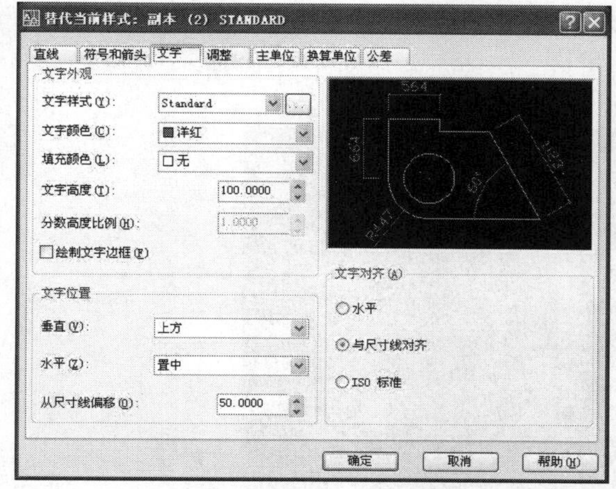


图 3-16 “文字”参数设置

图 3-17 “主单位”参数设置

（2）标注分三个层次，如图 3-18 所示。

（3）线性标注：继续标注（标注平面图细部的小尺寸）；测量内墙，只要有断点都要标注，即为第一层标注。如图 3-19 所示。

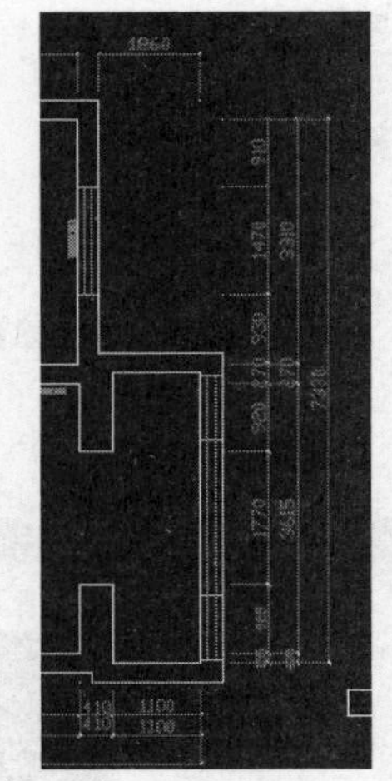

图 3-18　标注的三个层次

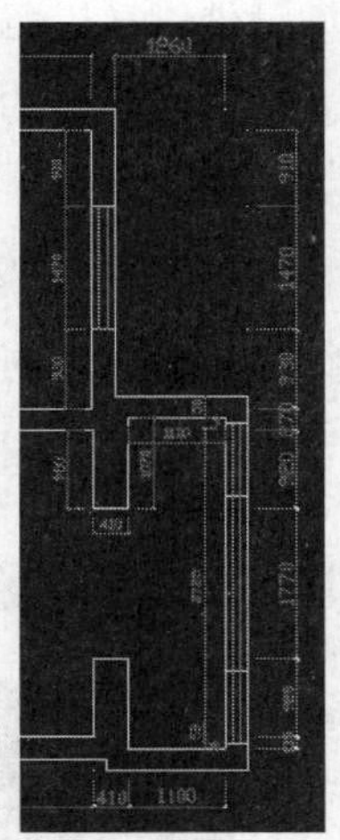

图 3-19　第一层标注

（4）以内墙为准测量房间的尺寸，即为第二层标注。如图 3-20 所示。

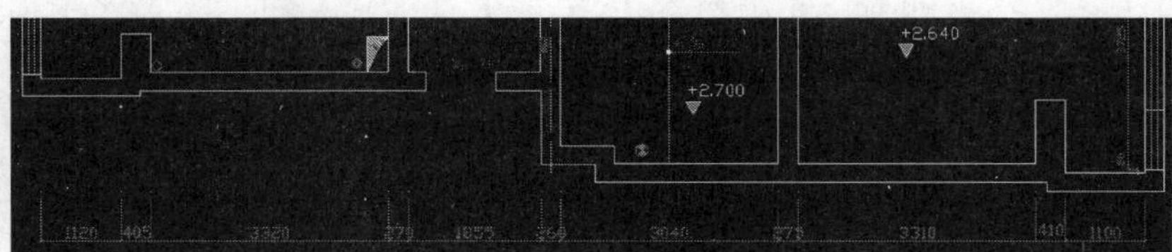


图 3-20　第二层标注

（5）以内墙为准测量整个房间的大尺寸，即为第三层标注。如图 3-21 所示。

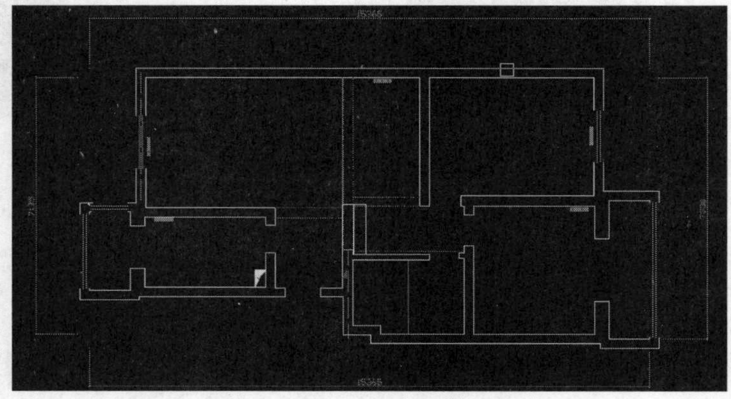

图 3-21　第三层标注

存在的问题：如，有尺寸重叠的现象，可将墙体的尺寸删除。

（6）三个层次的标注间距一般定义为 300～400 之间，其方法有以下两种。

**方法一**：先定义好间距为 300～400 的辅助线，再将标注点移动到辅助线上。

**方法二**：可将房型的外边进行延伸，运用矩形的外端点进行捕捉，偏移 400，可定义三层标注的起点位置，再重新标注。

注　意

标注的颜色设置每个公司都不同，可以先确定一个标注样式，再使用“特性匹配”，然后用笔刷工具 MA 进行改变。

**4. 家具摆放**

依据设计方案，从图库中直接调用。

**5. 填充的方法**

（1）地面铺装不显示梁，门口有过门石，用“矩形”工具完成门口的绘制再填充图案，如图 3-22 所示。

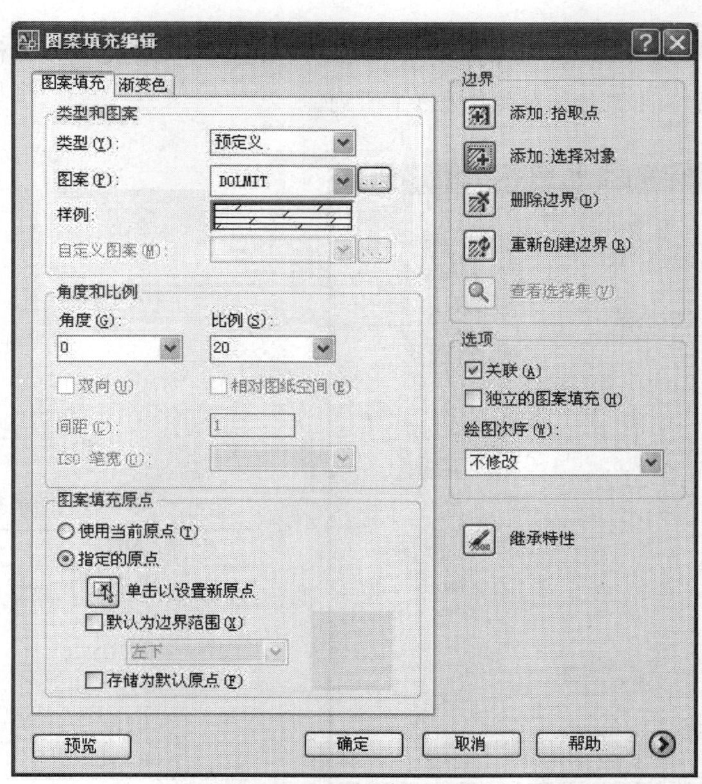


图 3-22　图案填充设置

图案填充→添加拾取点→在视图中单击鼠标右键→类型：预定义→DOLMIT（地板）→确定；比例 20 预览右击（图案比例是否正确，可测量地板间距，宽度在 120 左右基本符合）。最后的填充效果图如图 3-23 所示。

图 3-23 填充效果

（2）采用“多段线”工具，将复杂的空间范围（如空间中有的家具及其他）选择后填充图案，如图 3-24 所示。图案名称对照见表 3-1 所列。

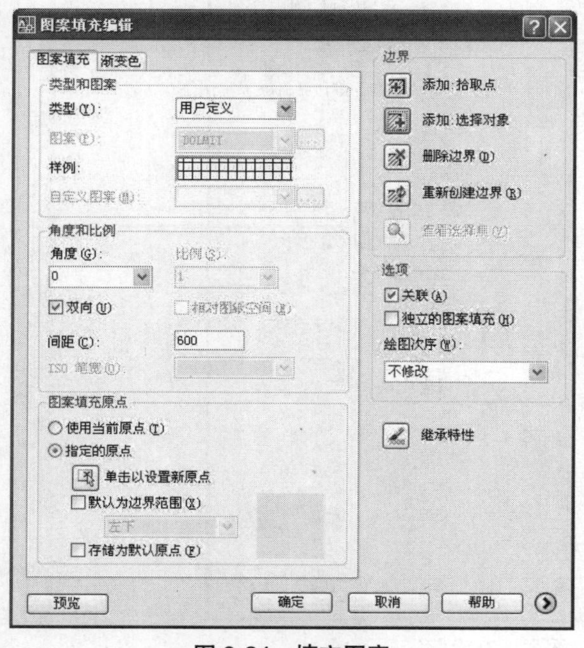


图 3-24 填充图案

表 3–1 图案名称对照

| 填充图案 | 代表的材质 |
|---|---|
| AR-PARQ1 | 地毯 |
| AR-RROOF | 玻璃 |
| AR-CONCL | 水泥 |
| AR-SAND | 石膏板 |
| CORK | 木质 |
| GRAVEL | 小院片路 |

图案填充→添加选择对象→选择多段线，再选空调的位置→用户定义（地砖）→双向→间距 600（表示 600×600 地砖）→指定的原点（在视图中选择角点）；最终将地砖设置整齐、没有碎边，如图 3-25 所示。

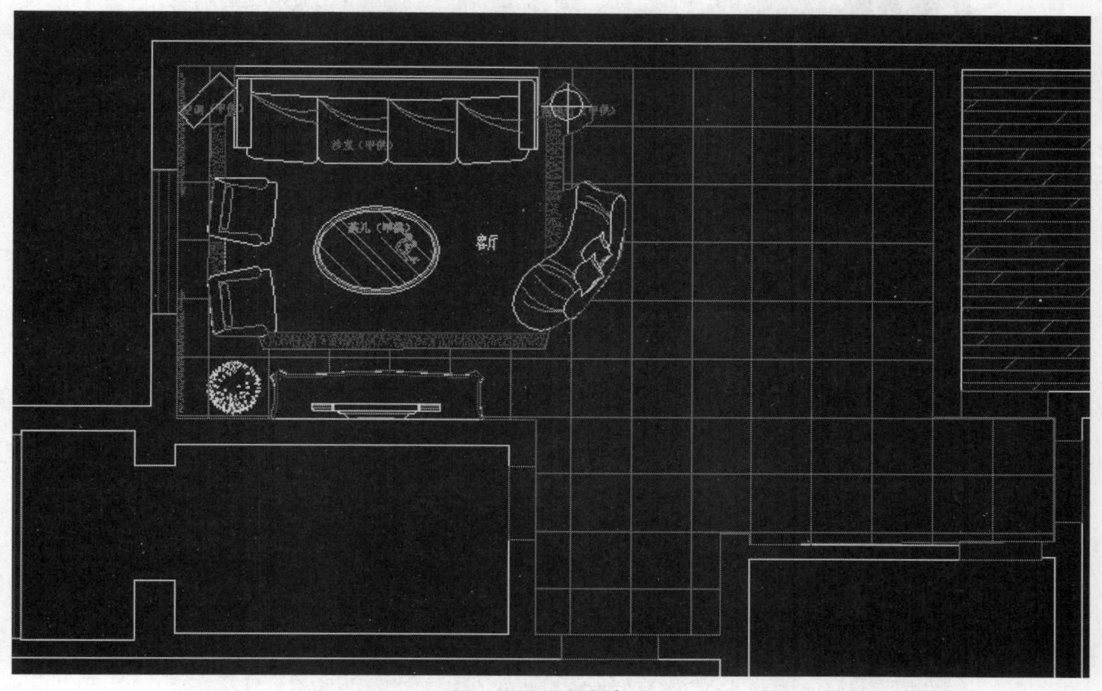


图 3-25　地砖填充

## 第二节　房型布局图的制作

房型布局是将房屋中的家具等设施放置在某一位置上的一种体现方法，位置不同，出来的效果也是不同的。为了让用户直接看到布局后的效果，可以用 CAD 软件将布局的平面图展示出来。工作流程如下。

原始结构图→拆改图→新建墙体图→平面布局图→家具尺寸图→地面铺装图→顶面布置图→顶面尺寸图→灯位尺寸图→电路布置图→强电布置图→弱电布置图。

（学生临摹制作平面图，并注意其中重点）

### 一、原始结构图

原始结构如图 3-26 所示。

**重点**：除了大尺寸之外，内部需要将门窗的尺寸进行详细标识（文字性）。现场实际（水管、煤气、暖气、电箱）位置以及每个房间的房高都要体现出来。

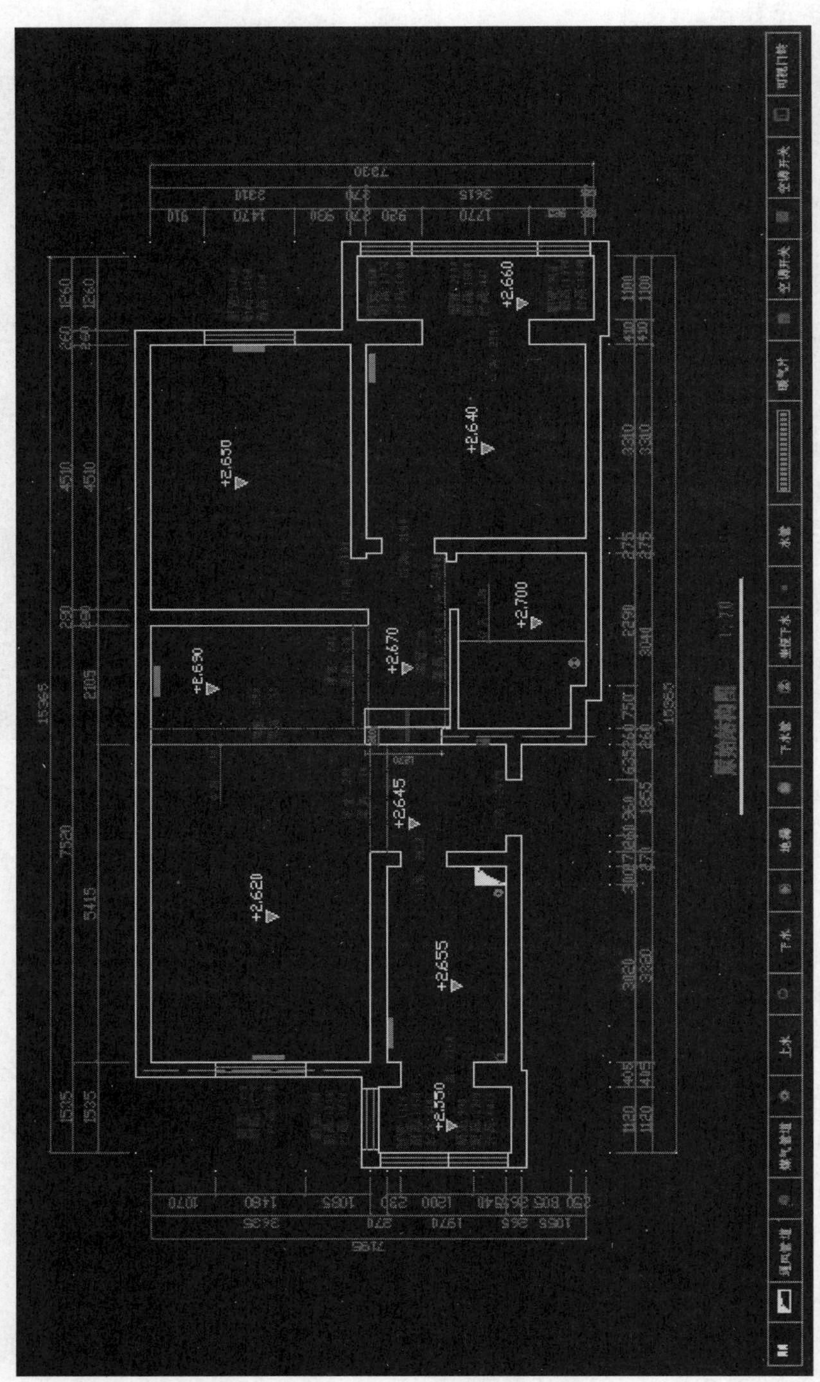


图 3-26　原始结构图

## 二、拆改图

拆改图如图 3-27 所示。

**重点：**按照图例设计方案单独体现。

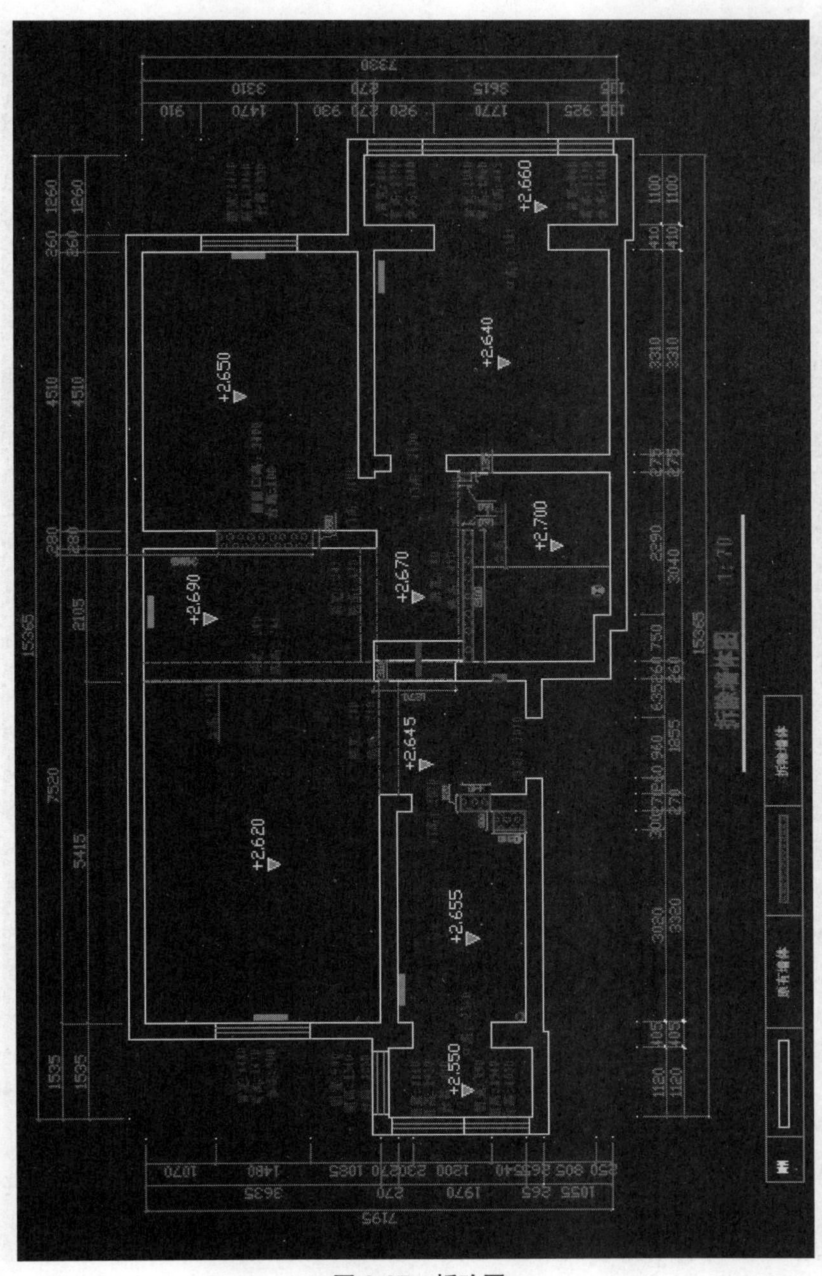

图 3-27　拆改图

## 三、新建墙体图

新建墙体图如图 3-28 所示。

**重点：**按照设计方案把新建部位突出体现。

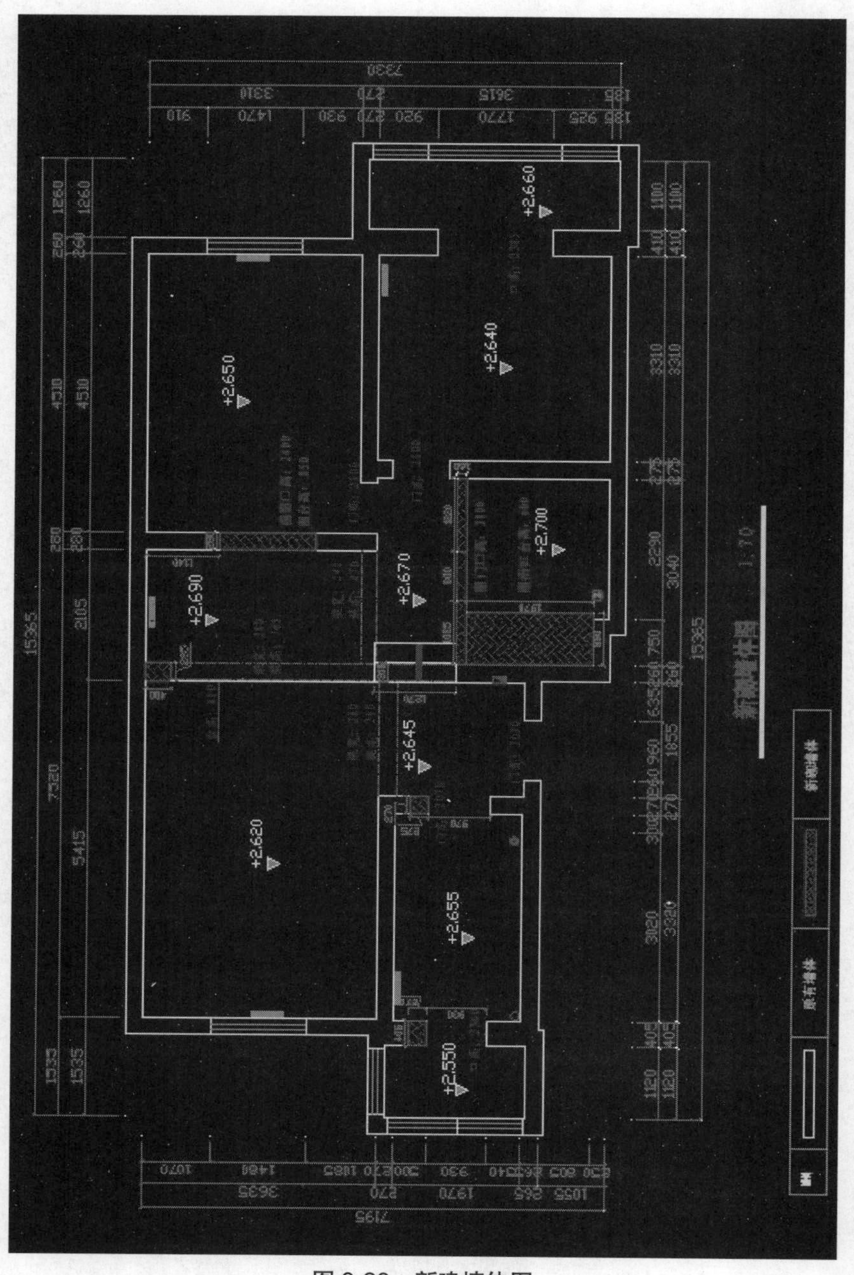


图 3-28　新建墙体图

## 四、平面布局图

平面布局图如图 3-29 所示。

**重点**：所有家具按 1∶1 比例，不能出现因房间大小而任意调整家具比例，门的开启方向要准确。

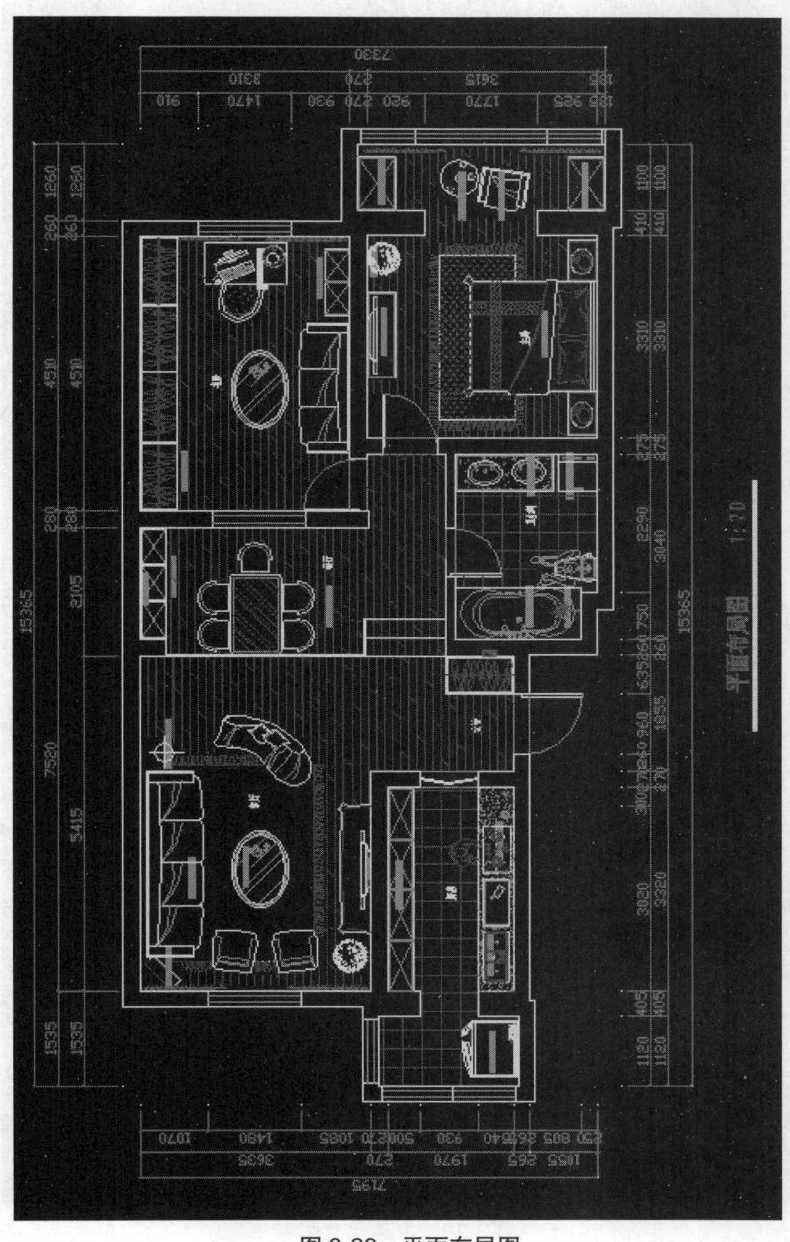

图 3-29　平面布局图

## 五、家具尺寸图

家具尺寸图如图 3-30 所示。

**重点：**对每件家具的尺寸都要明确标记。

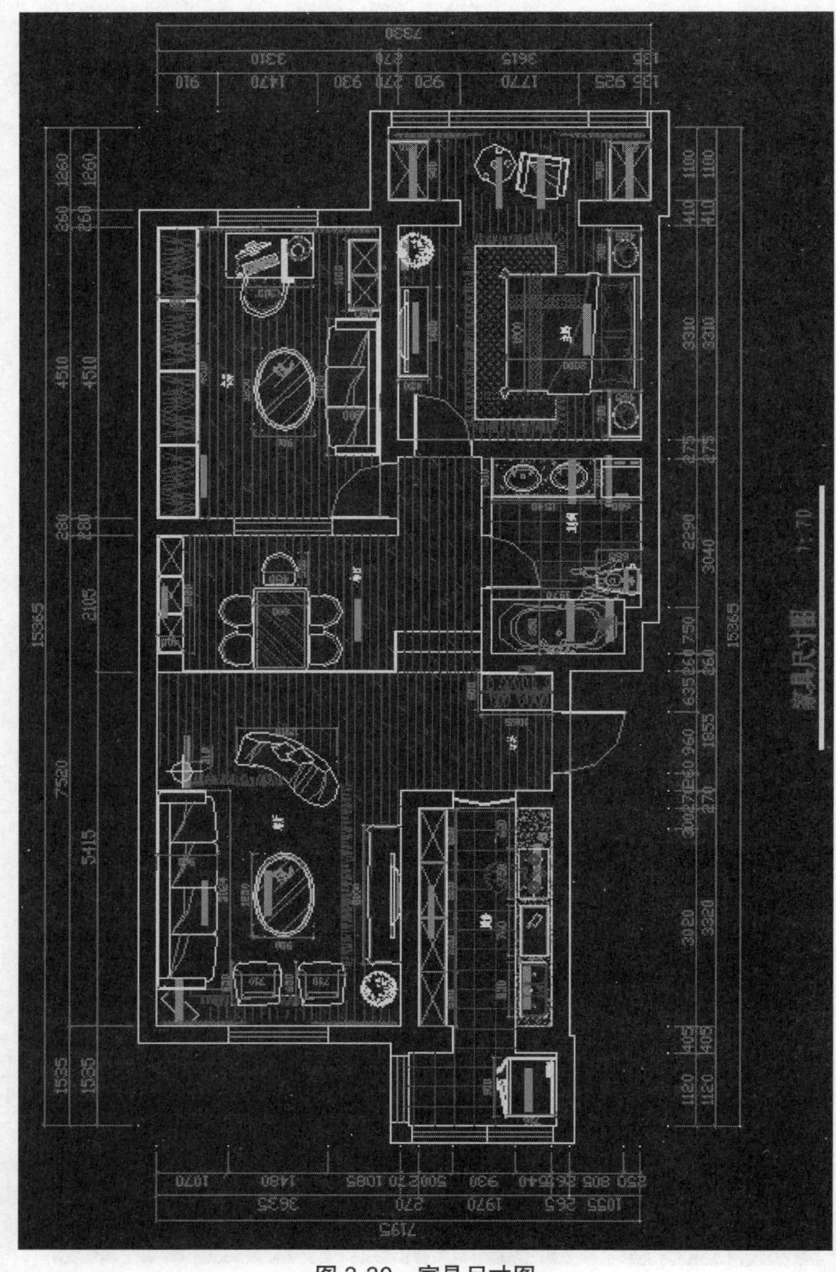

图 3-30　家具尺寸图

## 六、地面铺装图

地面铺装图如图 3-31 所示。

**重点**：尽可能采用铺装填充，铺装纹理体现实际尺寸，如填充的比例。

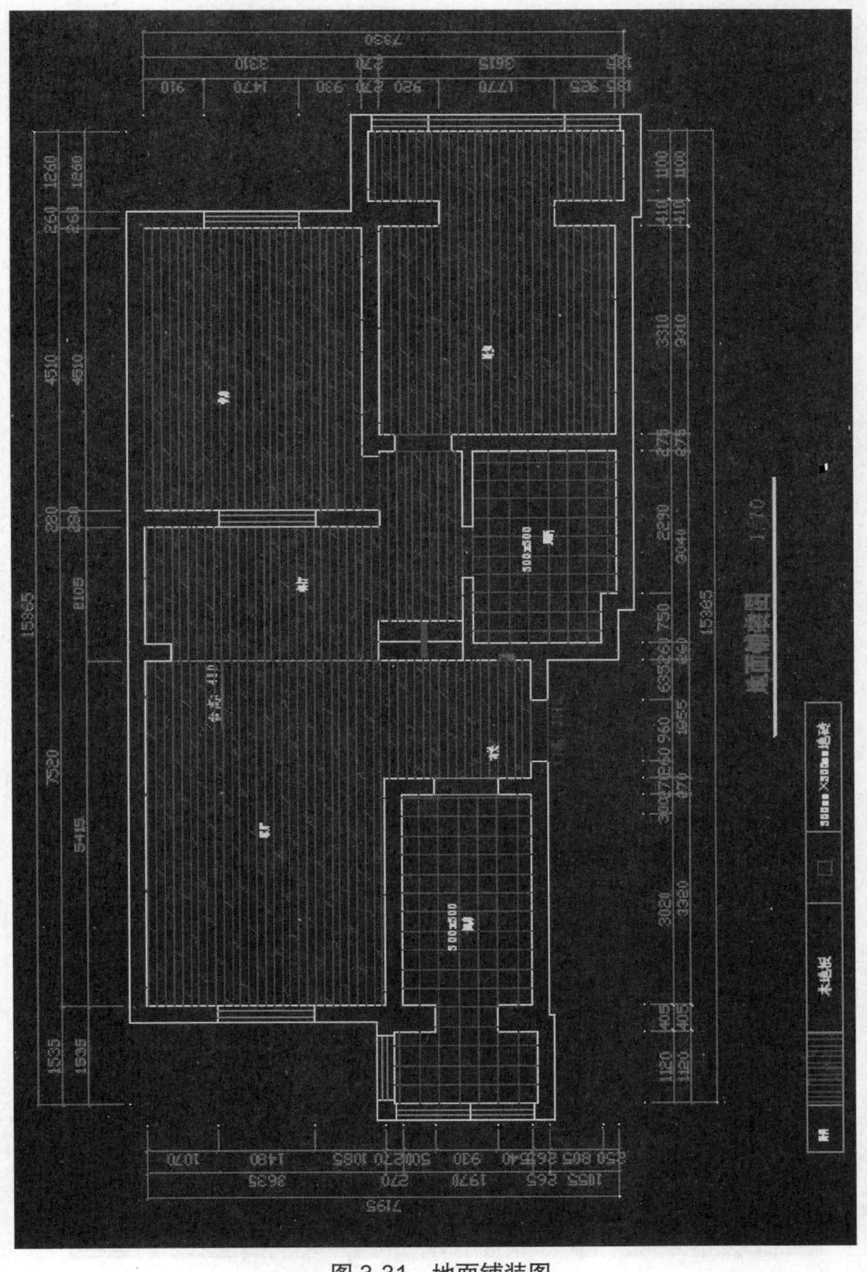

图 3-31　地面铺装图

## 七、顶面布置图

顶面布置图如图 3-32 所示。

**重点**：依据设计方案确定吊顶和灯光的位置，有无吊顶应有明确的区分（材质标识），如果有吊顶就要填充图案。

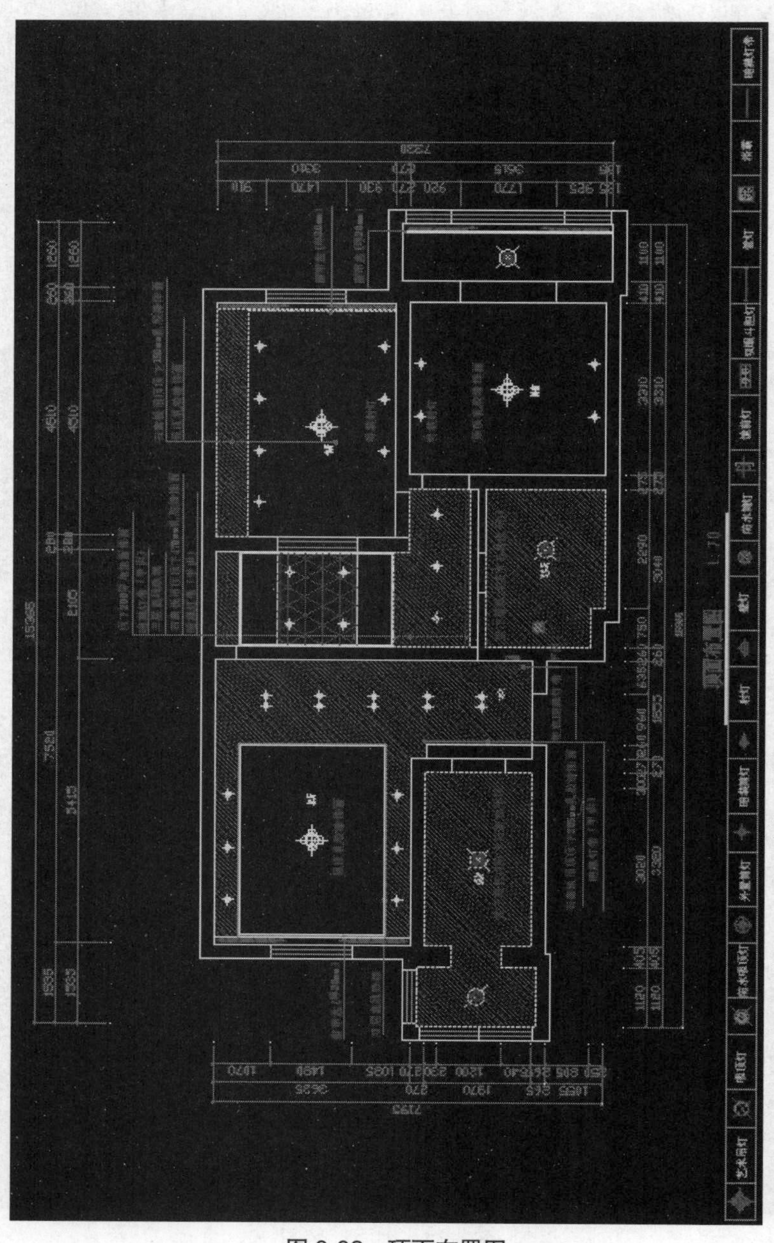

图 3-32　顶面布置图

## 八、顶面尺寸图

顶面尺寸图如图 3-33 所示。

**重点：**相关吊顶需要工人制作的部分尺寸要表示详细，让施工人员看明白尺寸及所用材质，才知道怎么做。

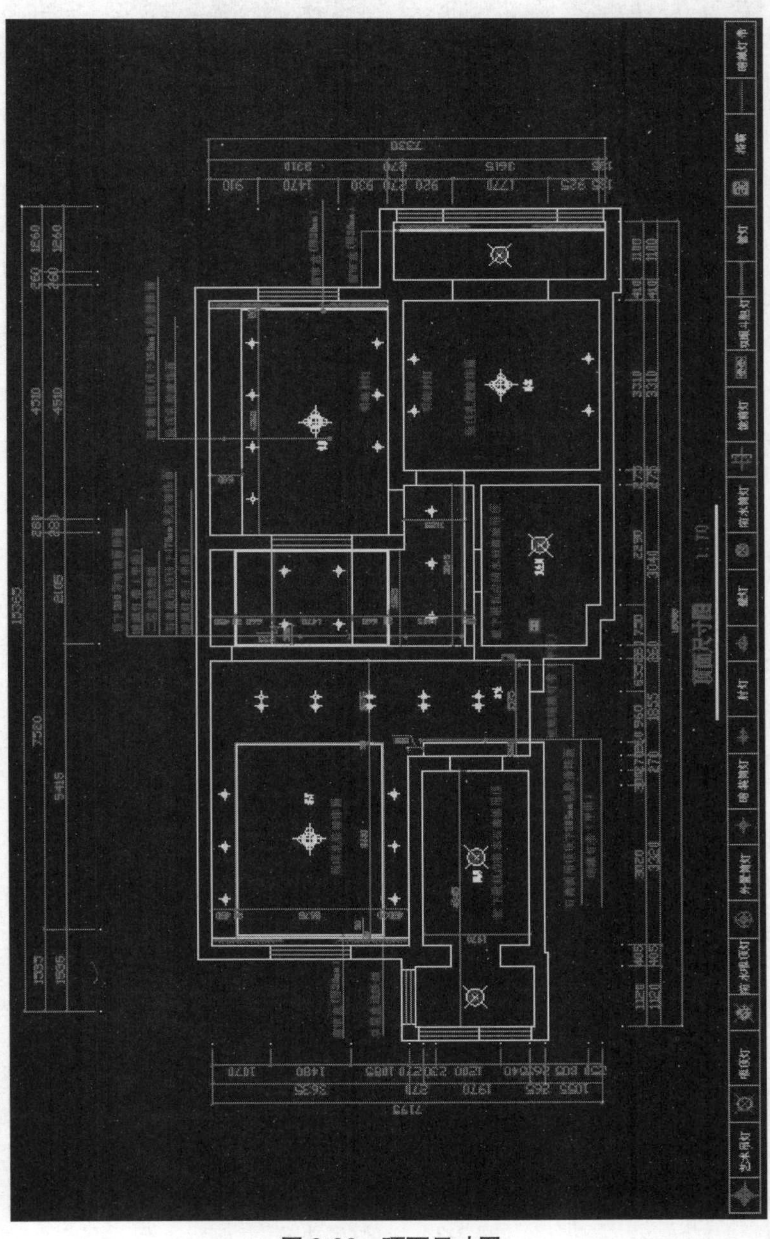

图 3-33　顶面尺寸图

## 九、灯位尺寸图

灯位尺寸图如图 3-34 所示。

**重点：**设置好所有灯的位置，以及客厅吊灯的中心点位置，筒灯的间距尺寸。

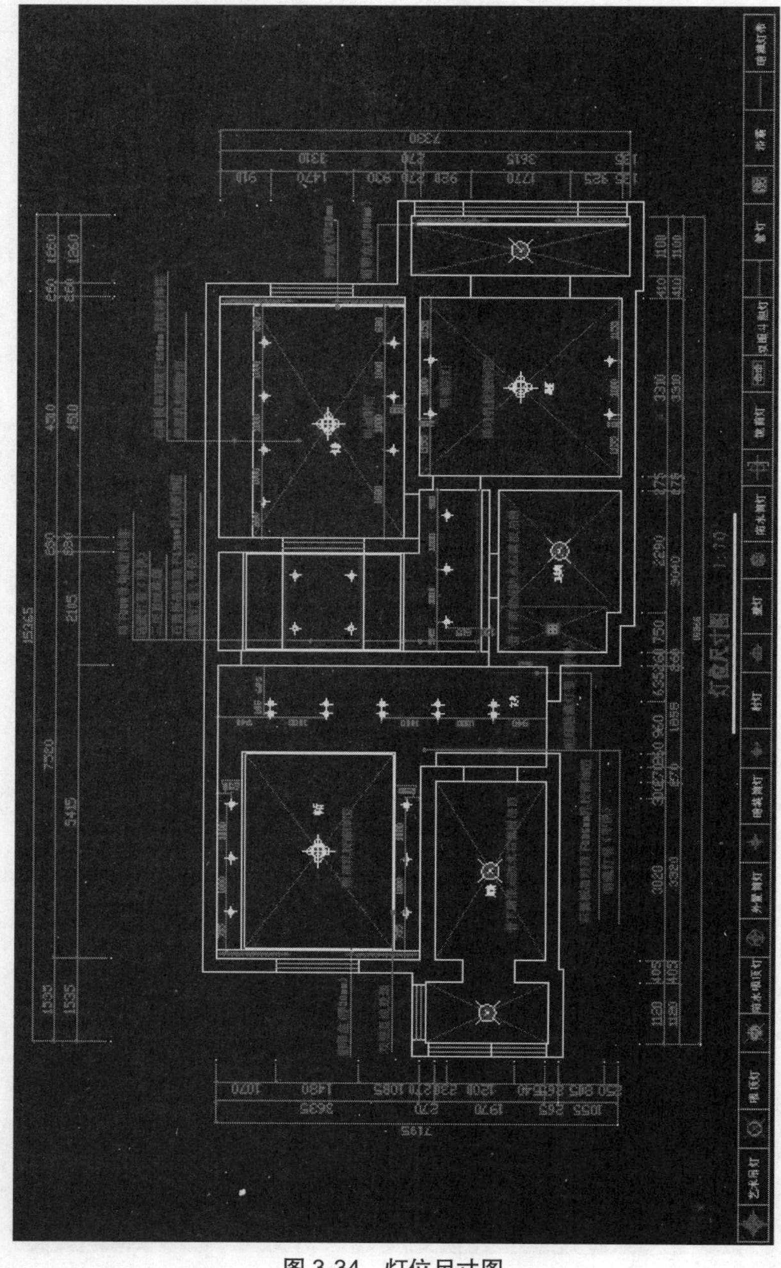

图 3-34　灯位尺寸图

## 十、电路布置图

电路布置图如图 3-35 所示。

**重点**：开关的位置依据用户的生活习惯确定位置，突出体现线路、灯、灯带，要对墙体的颜色进行改变（浅灰色）。

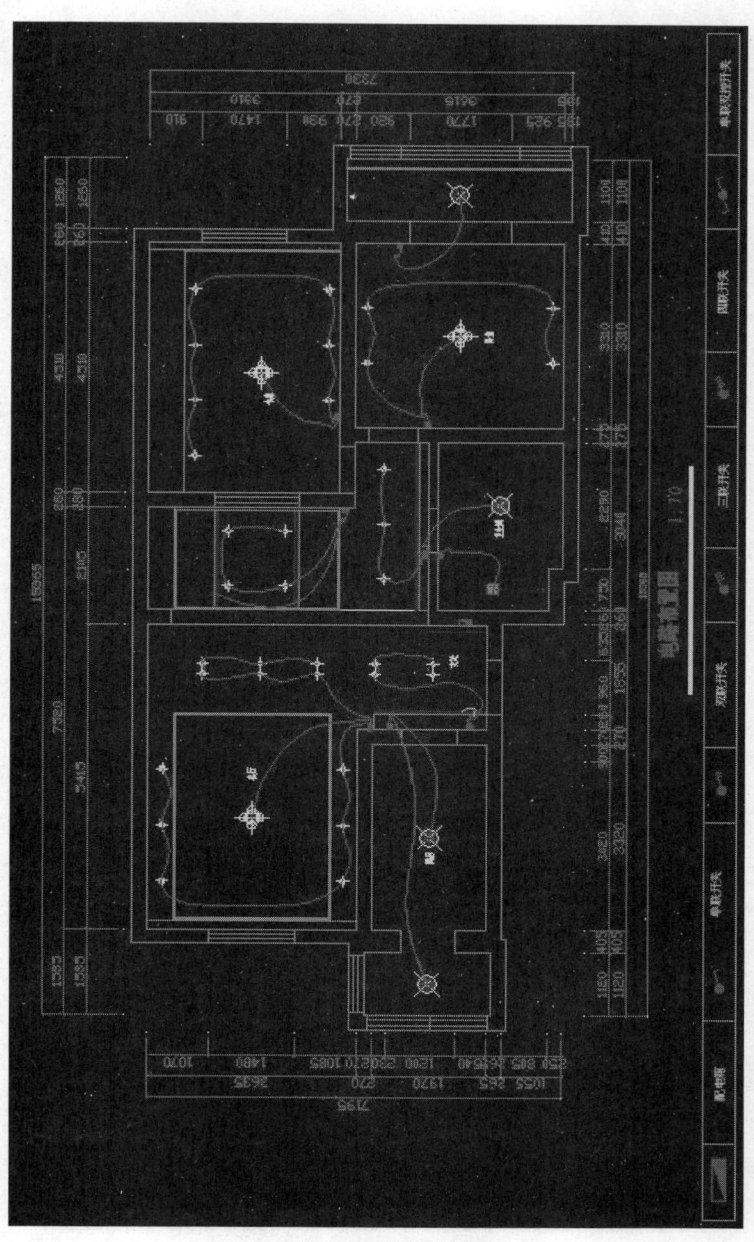


图 3-35　电路布置图

## 十一、强电布置图

强电布置图如图 3-36 所示。

**重点**：插座的位置也是根据用户的生活习惯来确定，生活必需电器要体现出来，如空调、热水器等。

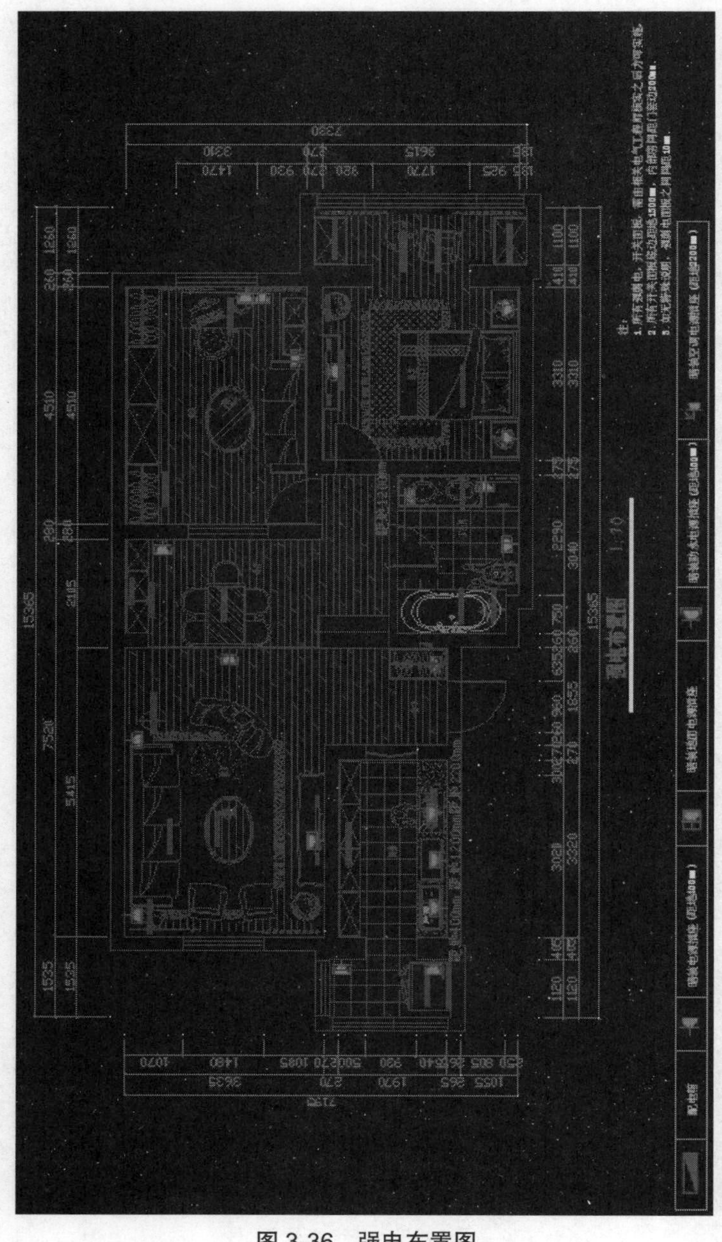

图 3-36　强电布置图

## 十二、弱电布置图

弱电布置图如图 3-37 所示。

**重点：**确定网线、电话线、电视线、插座的位置。

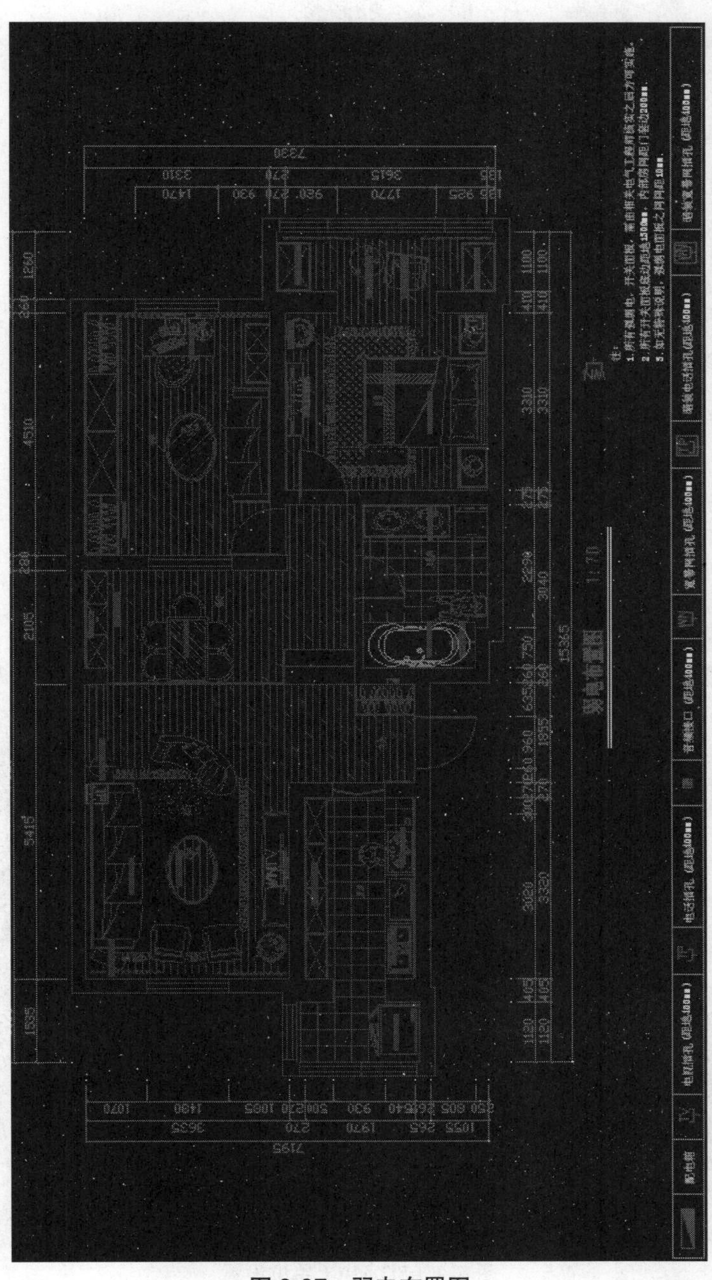

图 3-37 弱电布置图

# 第四章

平面图绘制完成后，我们要把它的立体效果展示出来，做成像真的效果一样，需要在3D MAX软件中来完成。

## 知识目标：

- 掌握使用3D MAX软件建模的方法。
- 掌握在3D MAX软件中附材质的方法。
- 掌握V-ray渲染器的使用方法。

## 一、建模

（1）打开3D MAX设置单位，如图4-1所示。

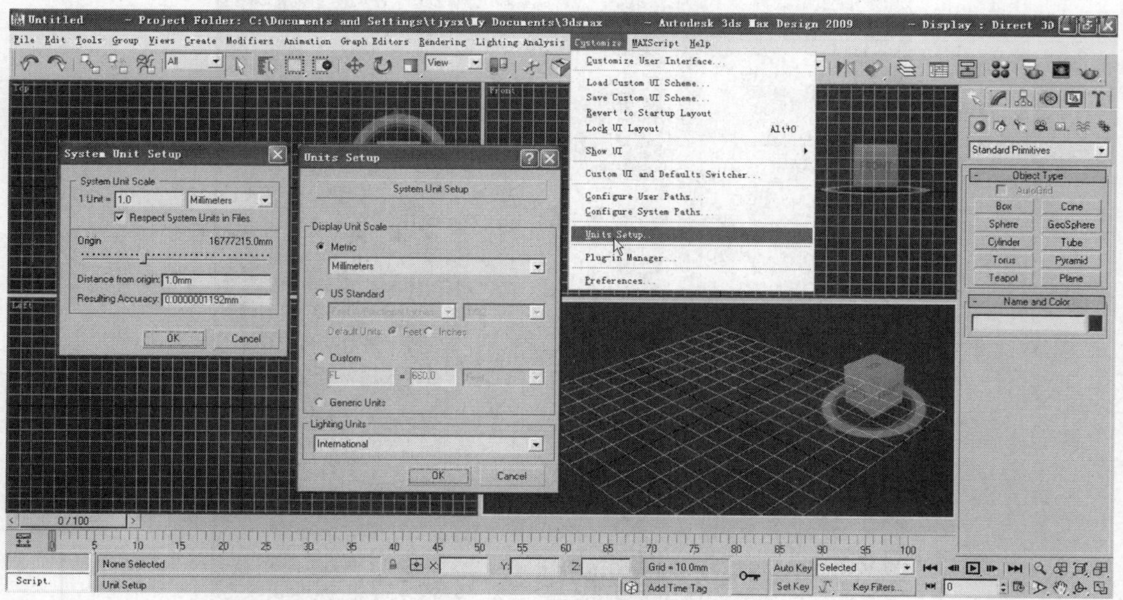


图4-1　3D MAX单位设置

（2）用导入命令，如图 4-2 所示，导入 CAD 平面图作为辅助线。为了方便捕捉和参考，导入的线有墙体、门窗的线框，以及常用家具的摆放位置。

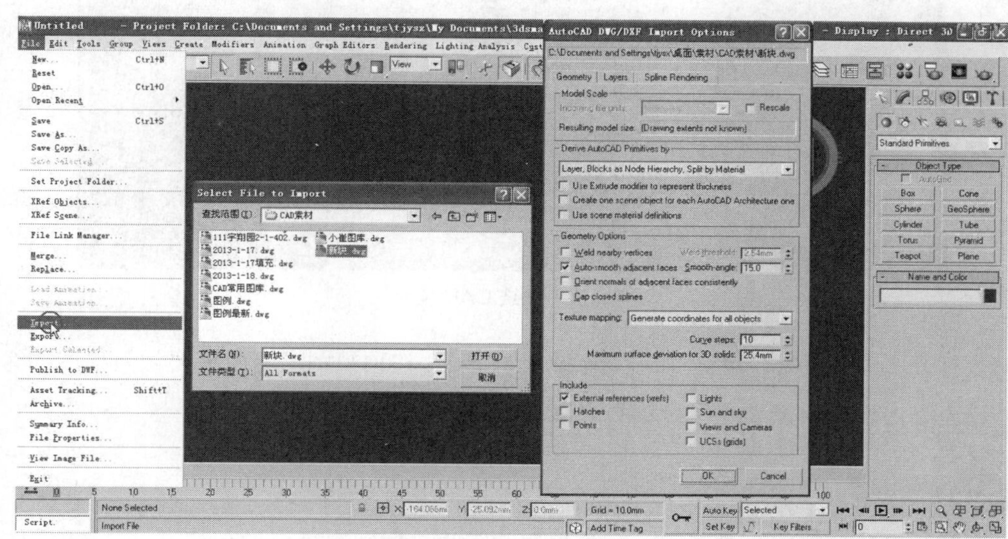

图 4-2　导入 CAD 文件

（3）群组导入平面图，位置归零，如图 4-3 所示，再将其冻结以方便后面的操作，如图 4-4 所示。

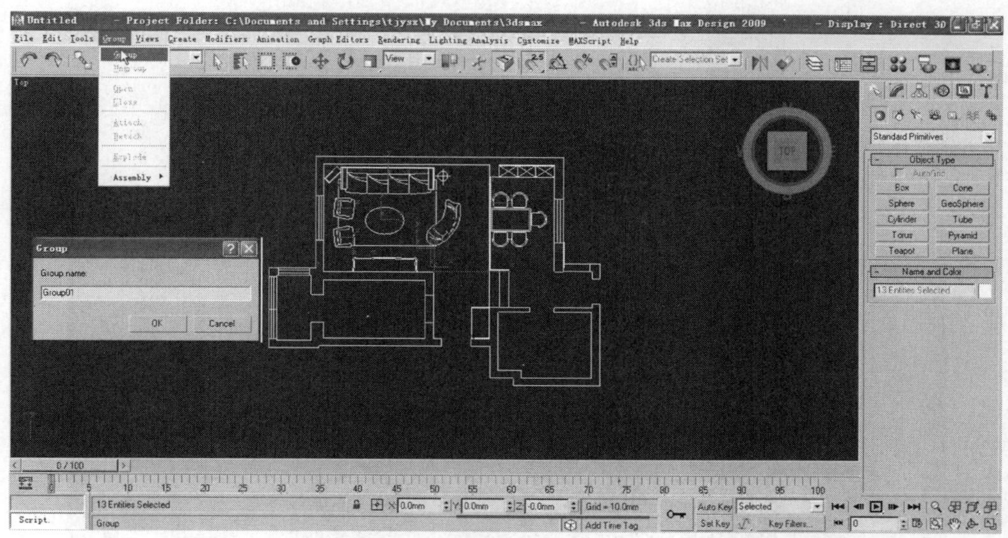

图 4-3　群组

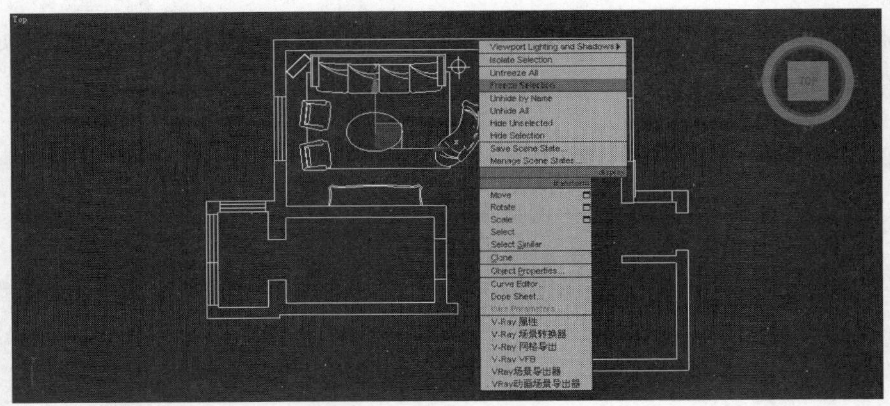


图 4-4　冻结 CAD 文件

（4）打开 2.5 维捕捉、角度捕捉，如图 4-5 所示。在顶视图上沿着需要做效果图的客厅、餐厅、过道等内墙线绘制一条闭合的线，如图 4-6 所示。

有窗和门的地方都应设置顶点，方便后序工作中门、窗模型的创建。

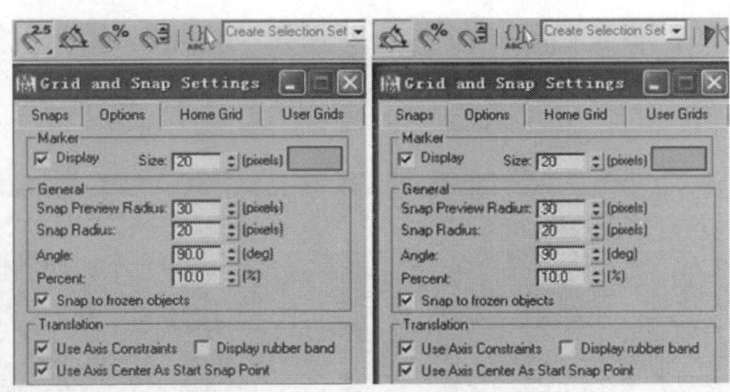


图 4-5　设置捕捉参数

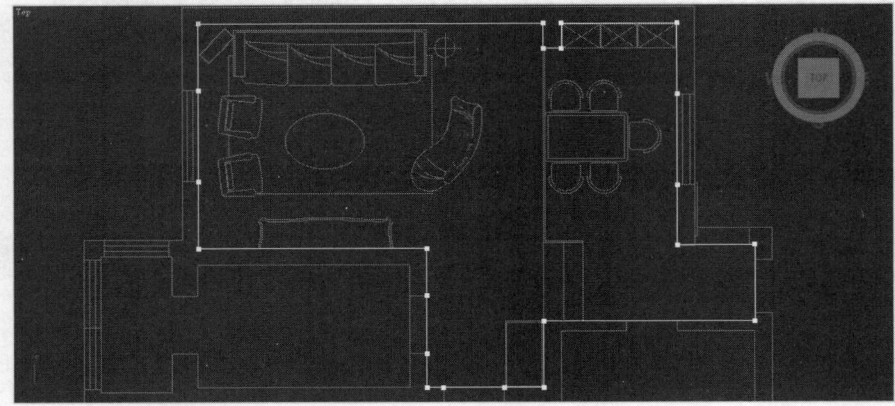

图 4-6　绘制闭合

（5）将样条线“挤出”为实体后添加“法线”修改器（把可渲染面反转到室内），并“转换成可编辑多边形”，创建成三维实体，如图 4-7 所示。

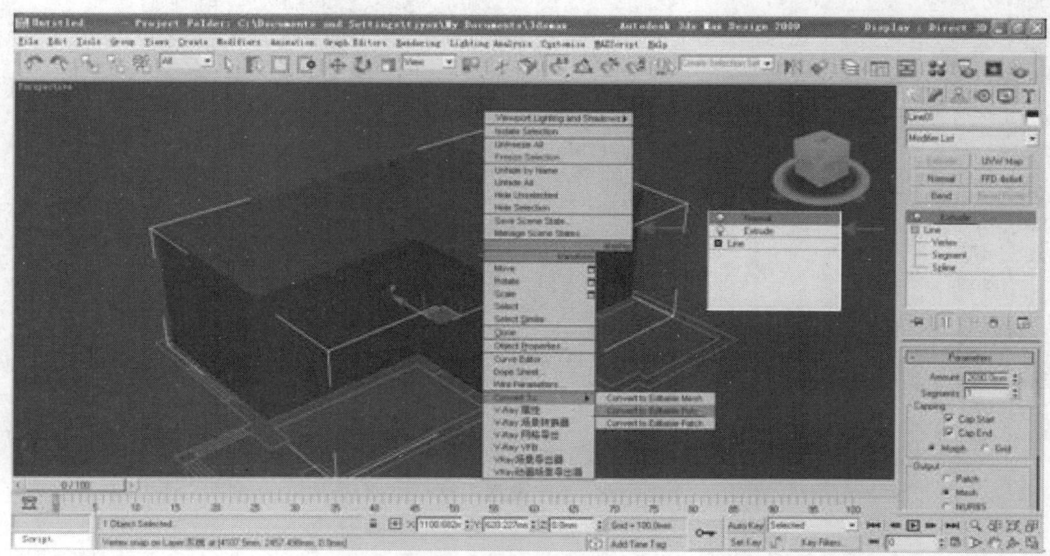

图 4-7 挤出平面图

（6）门的创建方法。按[F3]采用线框显示，选择门位置的两条边，右键单击选择“Connect”设置，边数设为 1，如图 4-8 所示；将连接的边向上移动 2070，如图 4-9 所示；选择“Polygon”级别，右击“Level”设置，高度-260，如图 4-10 所示（使用同样的方法将平面图上的门创建完成）。

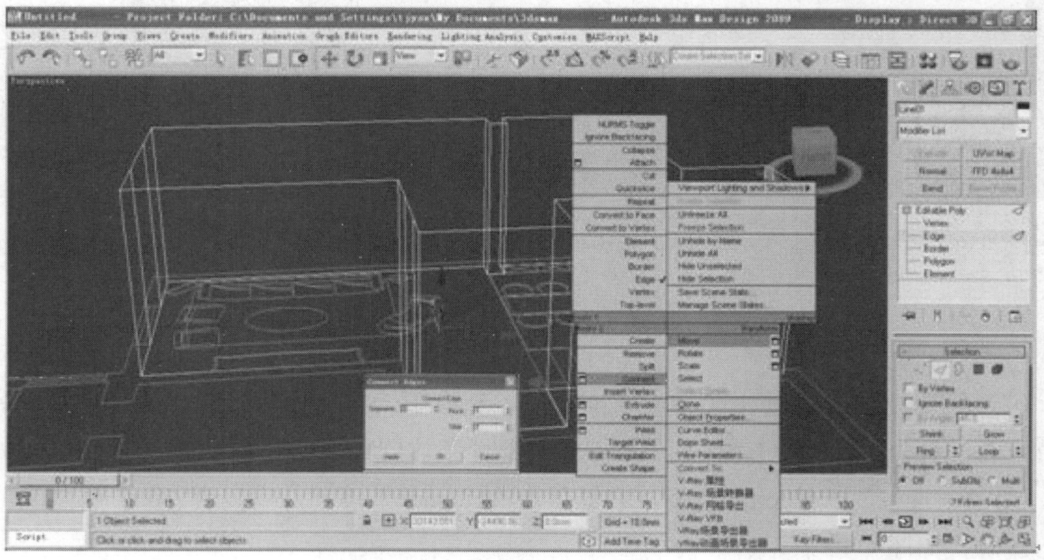

图 4-8 添加边

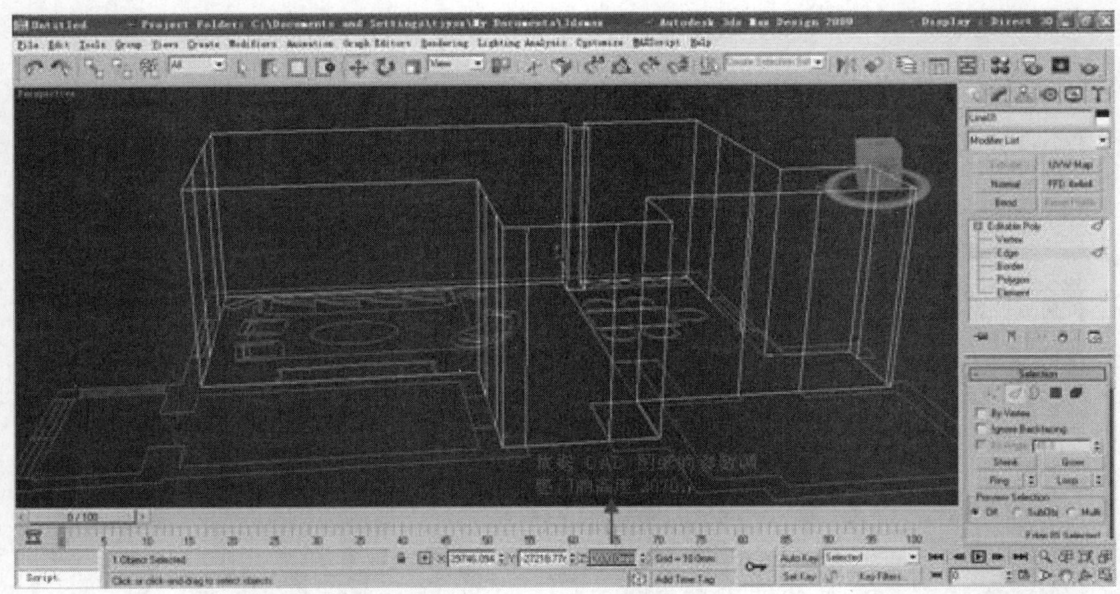

图 4-9 设置门高

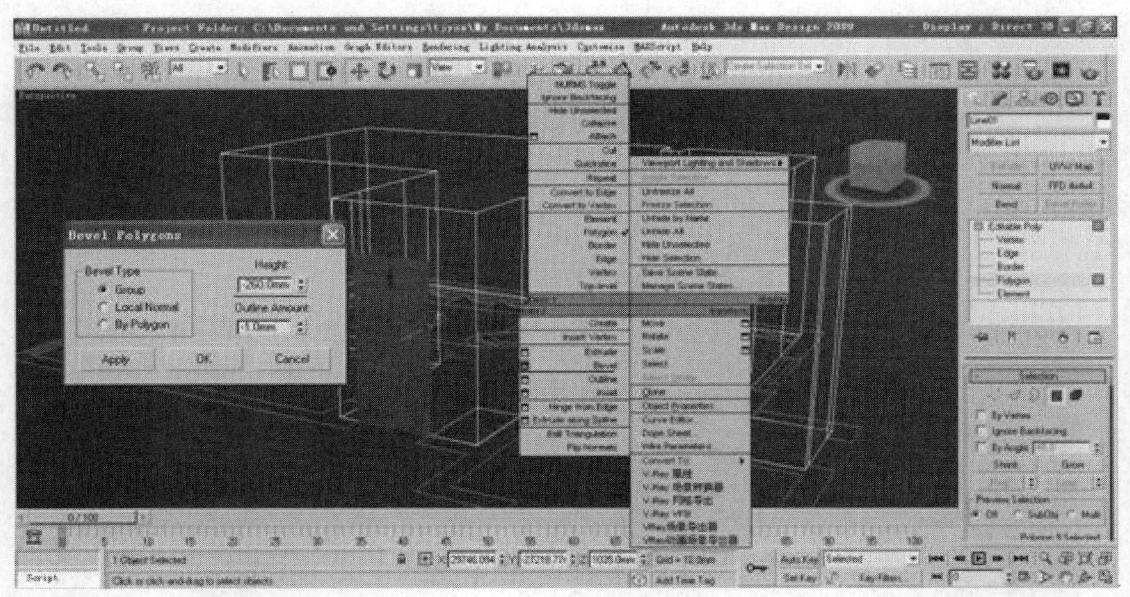

图 4-10 挤出门的厚度

（7）窗的创建方法。按[F3]采用线框显示，选择窗位置的两条边，右击选择“Connect”设置，边数设为 2，依据 CAD 图纸的参数调整两条边的位置值分别为 2370 和 900，如图 4-11 所示；选择“Polygon”级别，右键单击“Extrude”设置，高度为-260，再将当前多边形删除，如图 4-12 所示。

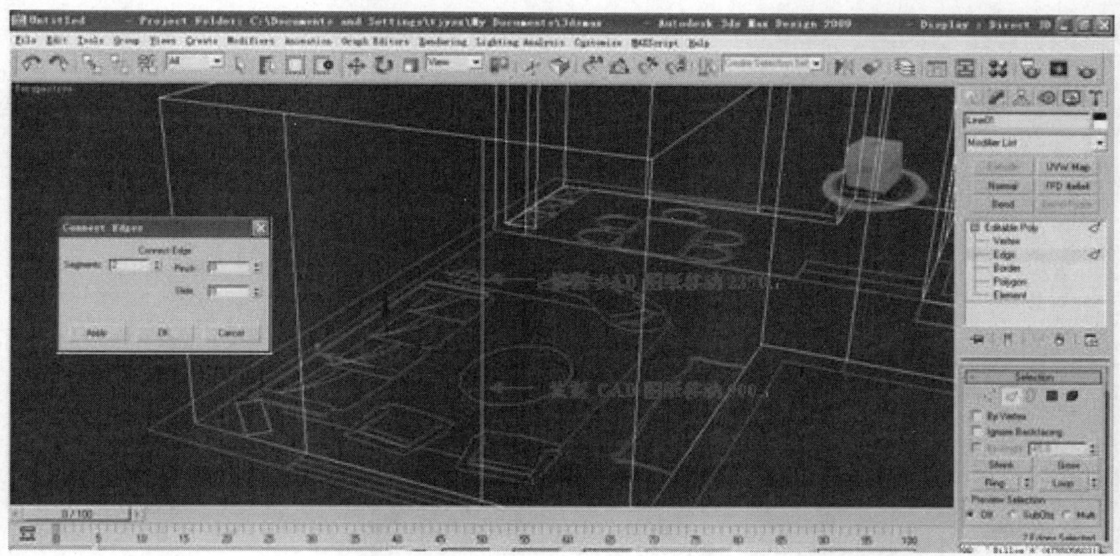

图 4-11　确定窗户的位置

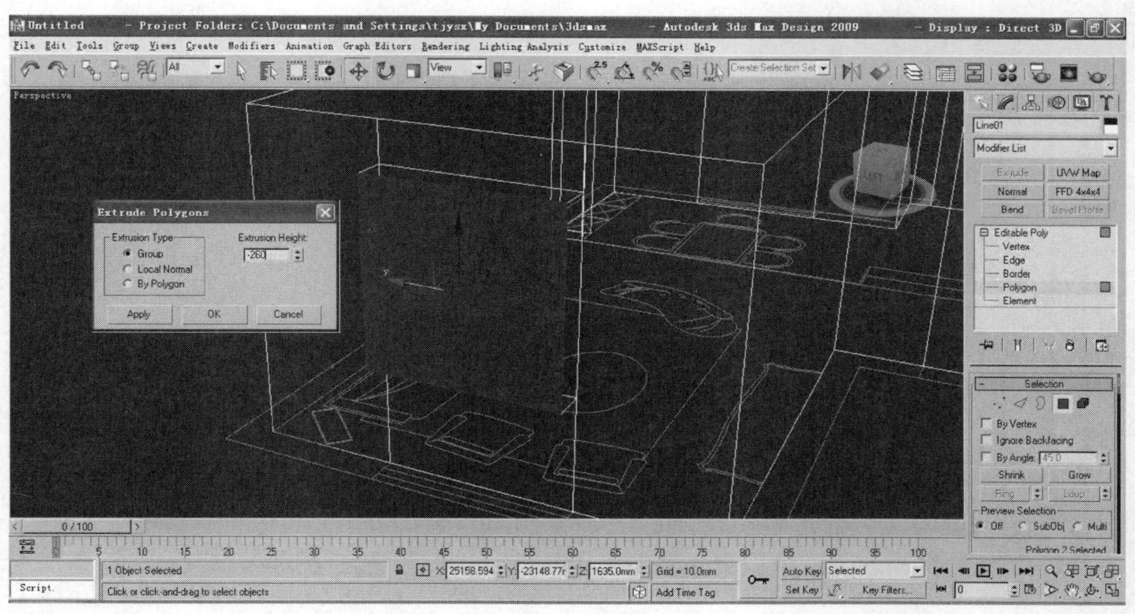

图 4-12　挤出

（8）分离顶面和地面。在“Polygon”级别选择顶面，进行“Detach”分离命名“顶面”，如图 4-13 所示，选择地面（包括门挤出的地方），单击“Detach”按钮分离命名“地面”，如图 4-14 所示。

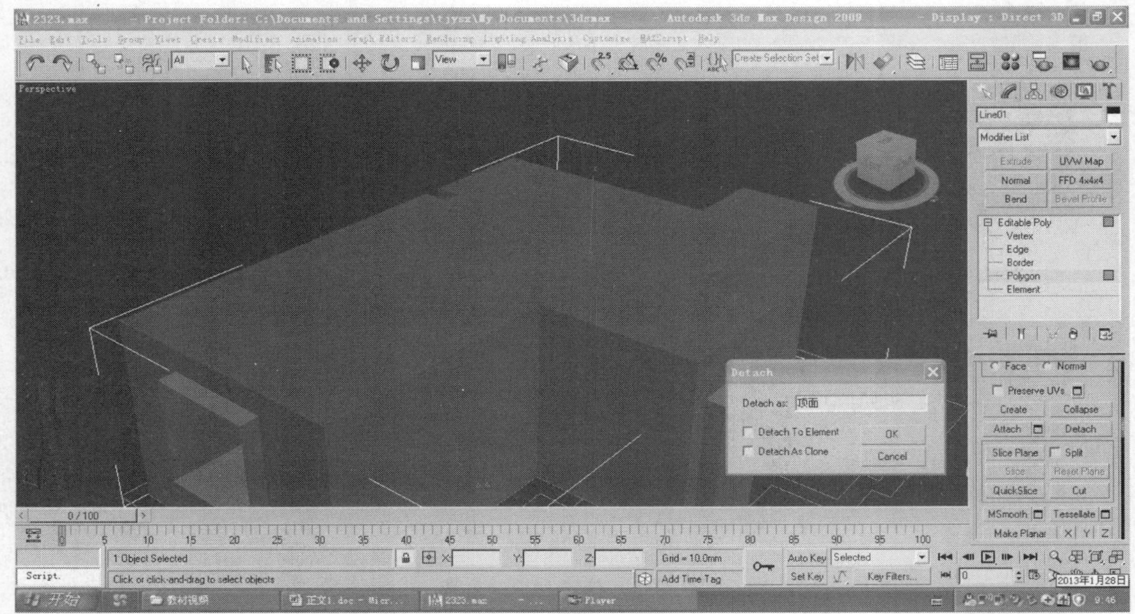


图 4-13　顶面

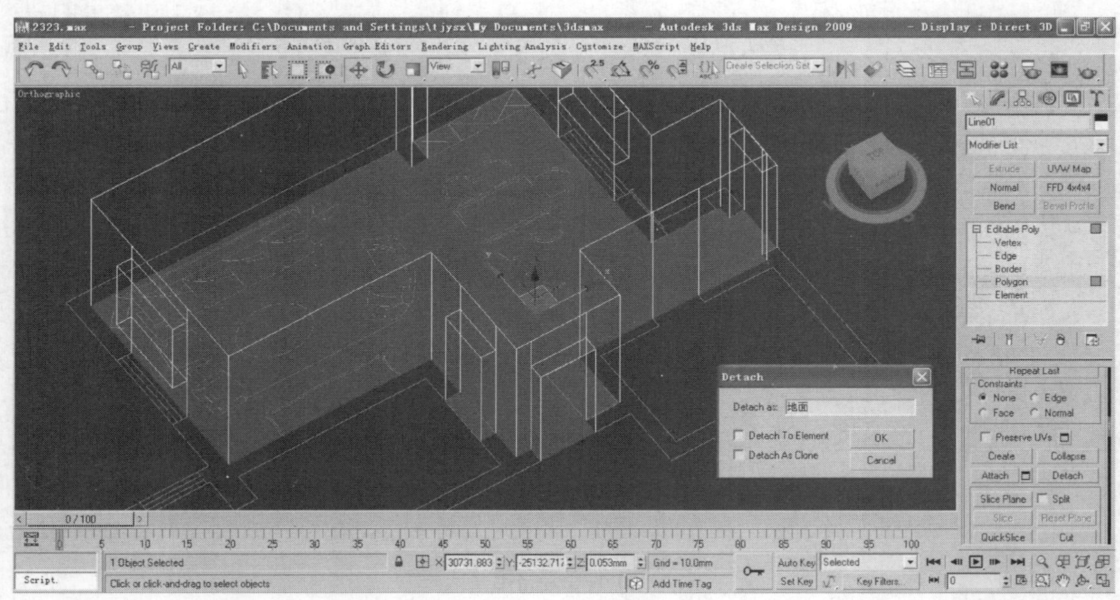


图 4-14　地面

（9）摄像机的创建。顶视图创建“目标摄像机”，并调整参数，如图 4-15 所示；选择摄像机及目标点精确移动 1200，如图 4-16 所示，可创建多个不同角度的摄像机，按【Shift+C】键可隐藏摄像机。

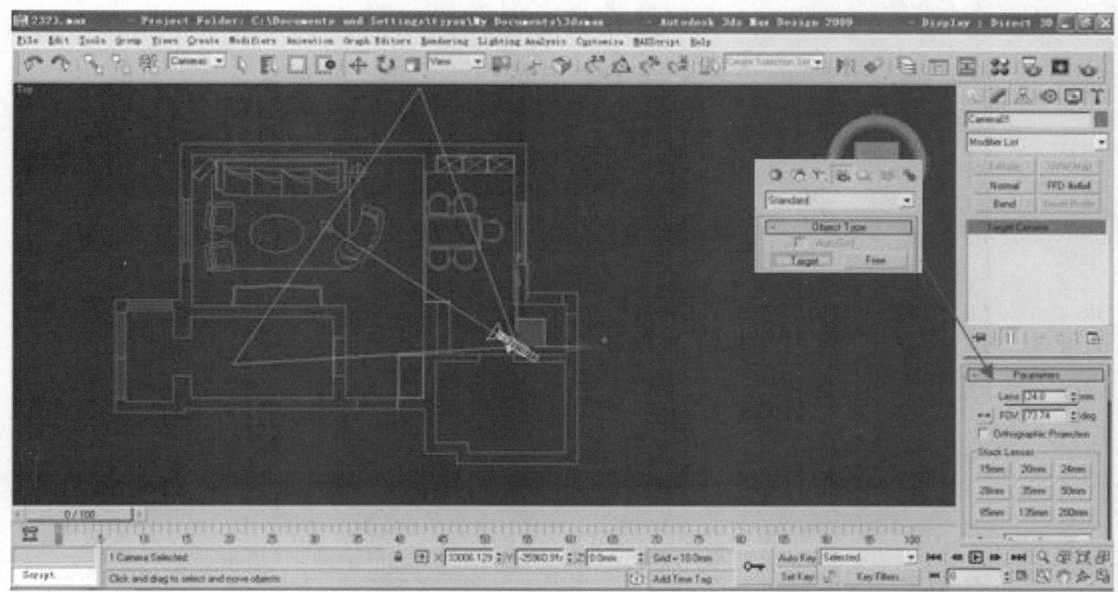

图 4-15 创建摄像机

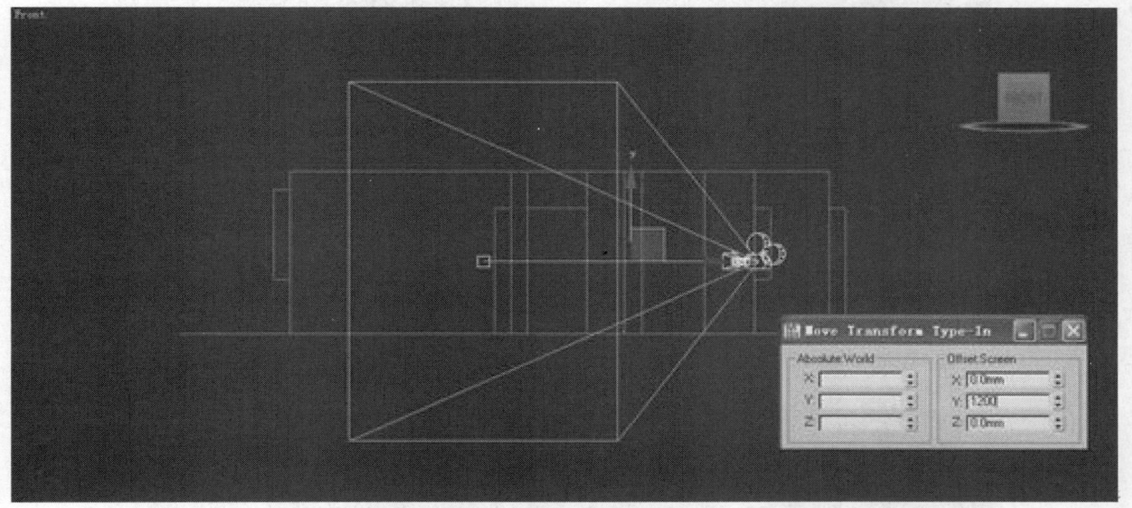


图 4-16 调整摄像机的位置

（10）吊顶的制作。选择“顶面”按【Alt+Q】键进行孤立显示，如图 4-17 所示。第一层吊顶：绘制“矩形”。转换“成可编辑样条线（Editable Spline）”（图 4-18）→“样条线（Spline）”级别，“轮廓（Outline）”450（图 4-19），单击“Attach”按钮，数量为 210（图 4-20）。第二层吊顶：捕捉内框→绘制“矩形”，（图 4-21）→“转换成可编辑样条线（Editable Spline）”→“样条线（Spline）”级别→“轮廓（Outline）”30，添加“挤出（Exturde）”修改器，数量 180；调整两层吊顶的位置（吊顶造型丰富，制作方法灵活多样），如图 4-22 所示。

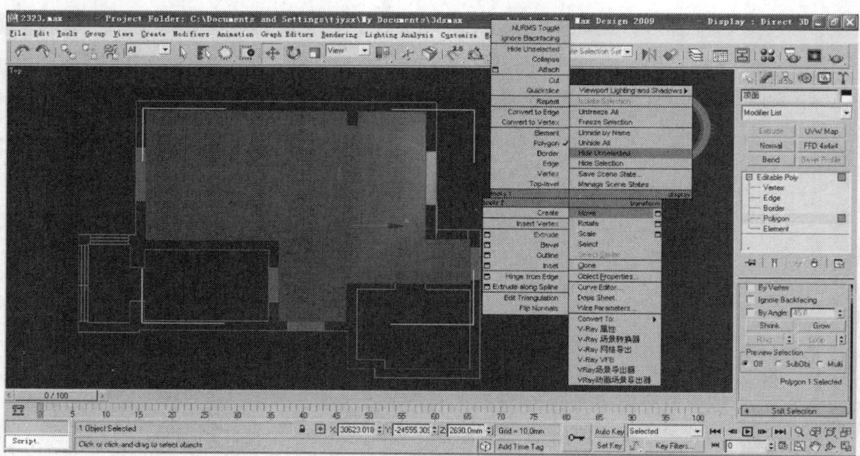

图 4-17　顶面孤立显示

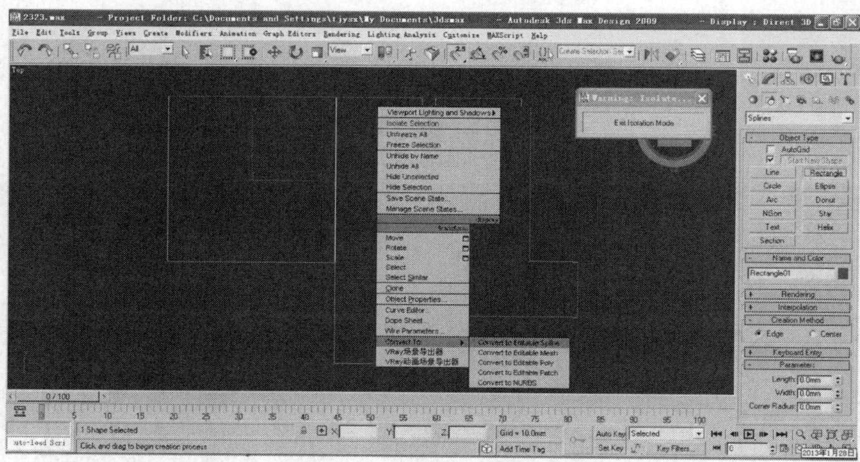

图 4-18　绘制第一层吊顶

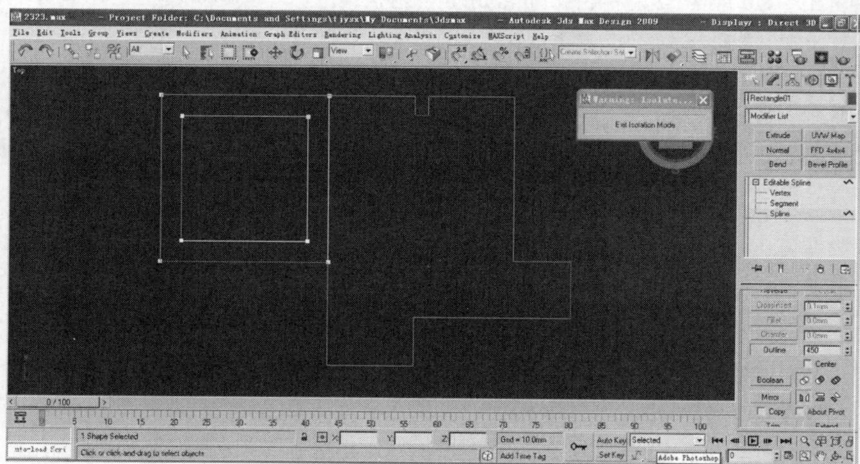

图 4-19　绘制第一层吊顶轮廓线

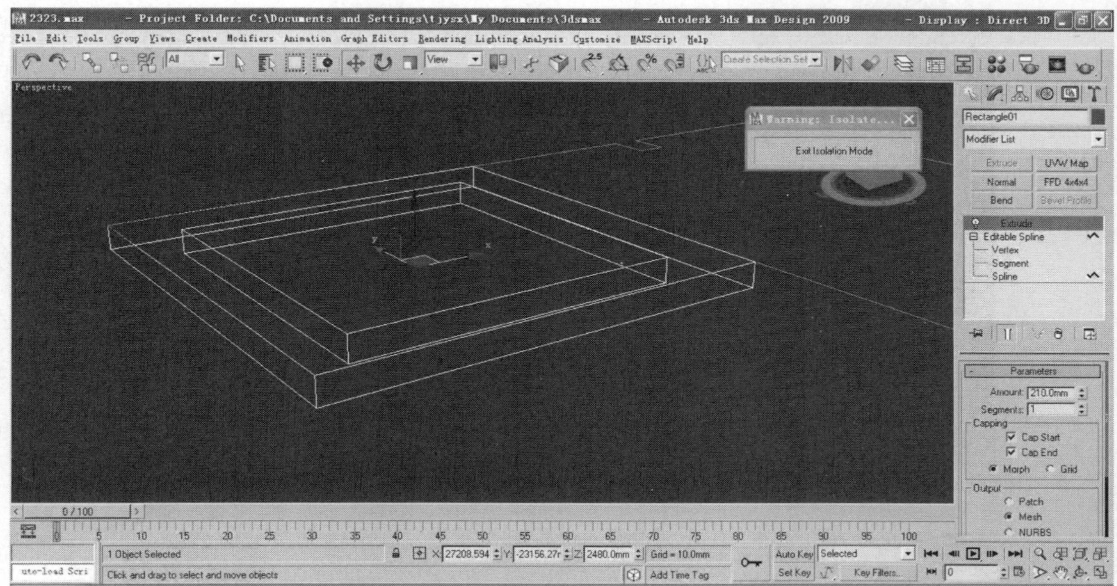


图 4-20　挤出第一层吊顶

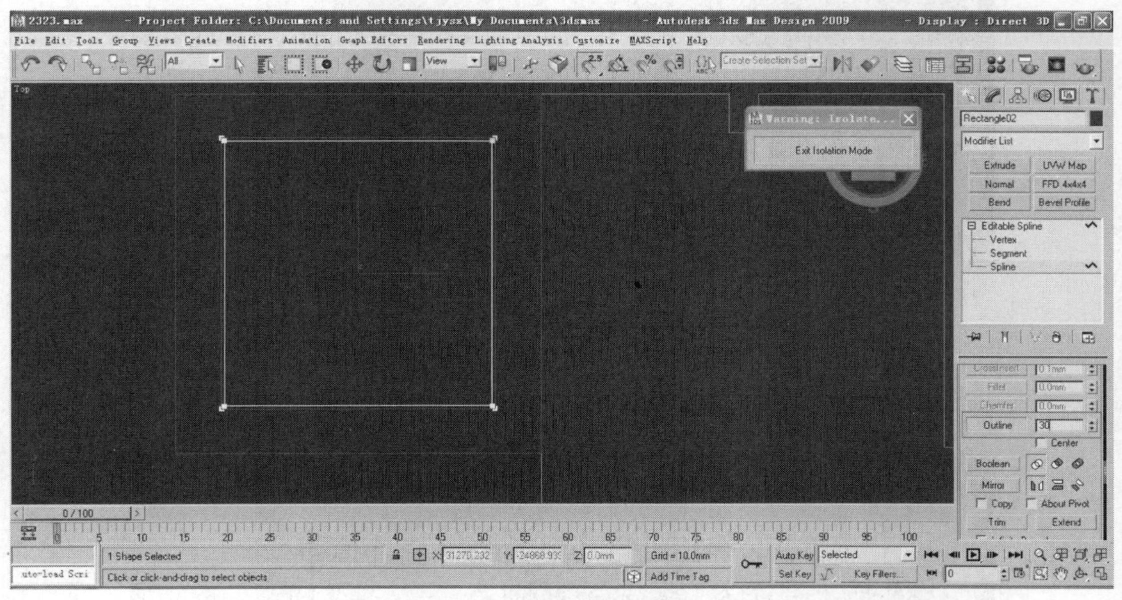


图 4-21　绘制第二层吊顶

（11）造型的制作。拉缝木板效果的制作过程如下。

前视图捕捉绘制“矩形”→添加“挤出（Exturde）”修改器，数量 50→转换成“可编辑多边形（Editable Poly）”（图 4-23）→“边（Edge）”级别为选择两条边，右键单击选择“Connect”设置，边数为 10，（图 4-24）→右键单击选择“Chamfer”设置数量 5（图 4-25）→“多边形（Polyon）”级别选择倒角后的 10 个面，右键单击选择“挤出（Exturde）”，设置参数值-10，如图 4-26 所示。

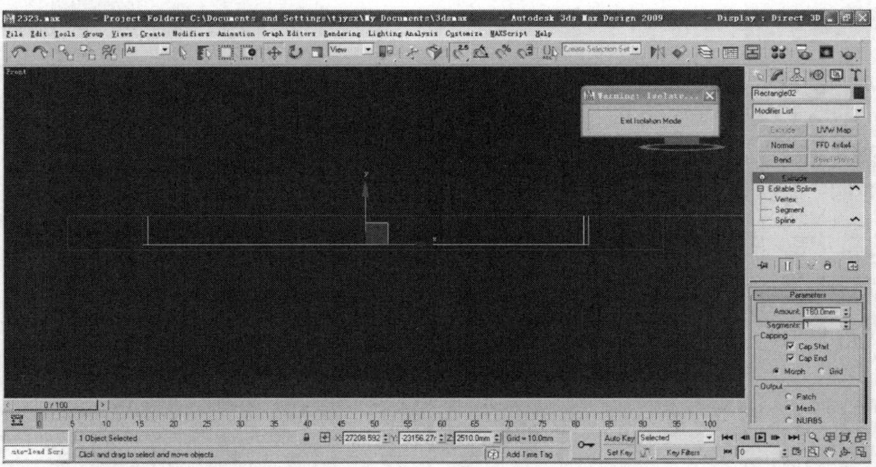

图 4-22　挤出第二层吊顶

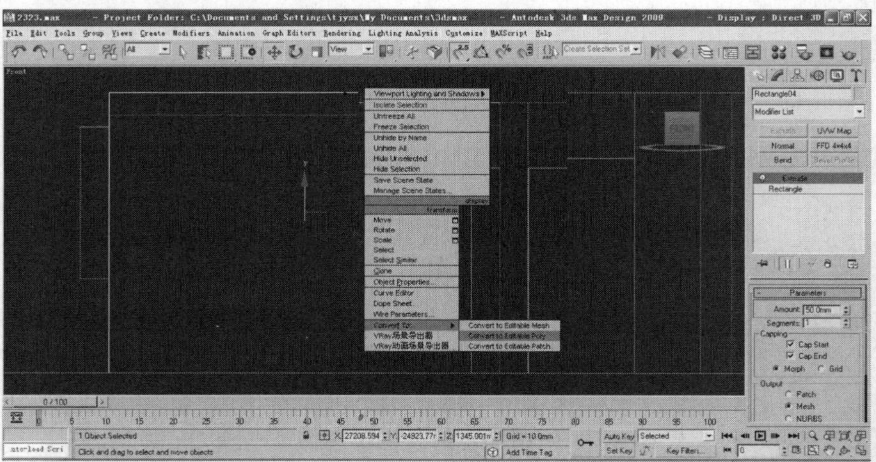

图 4-23　绘制造型

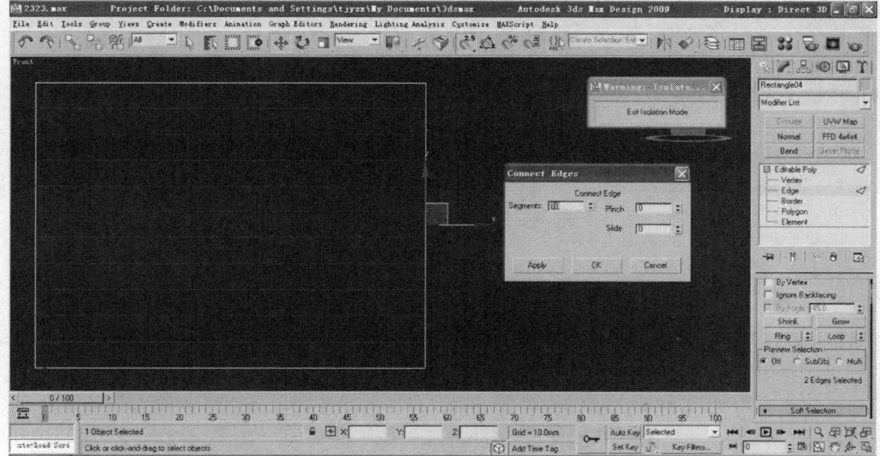

图 4-24　创建线

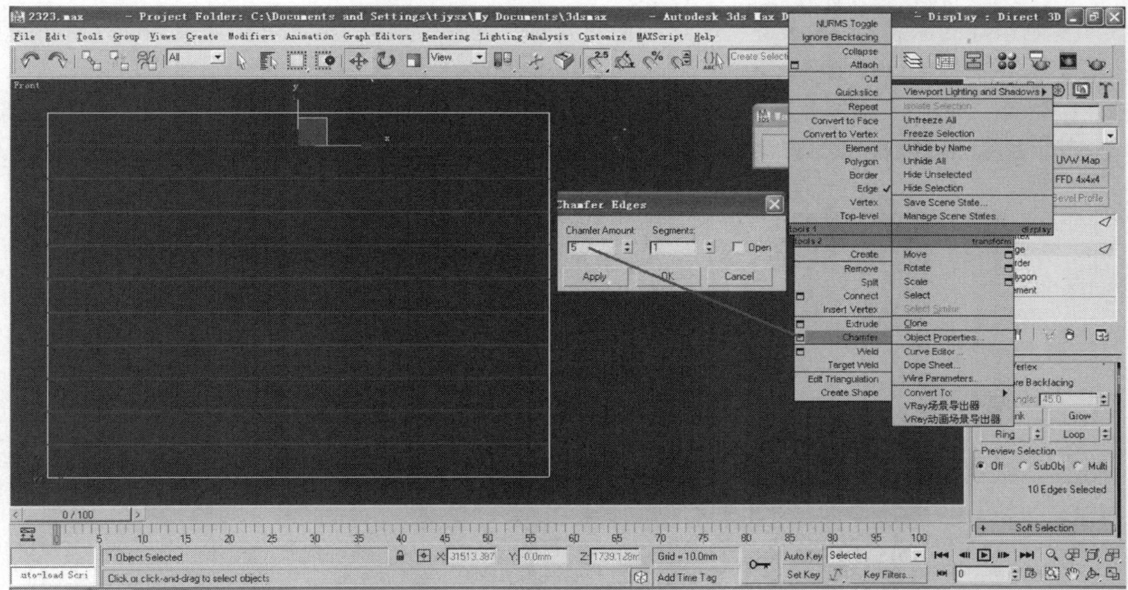

图 4-25　倒角

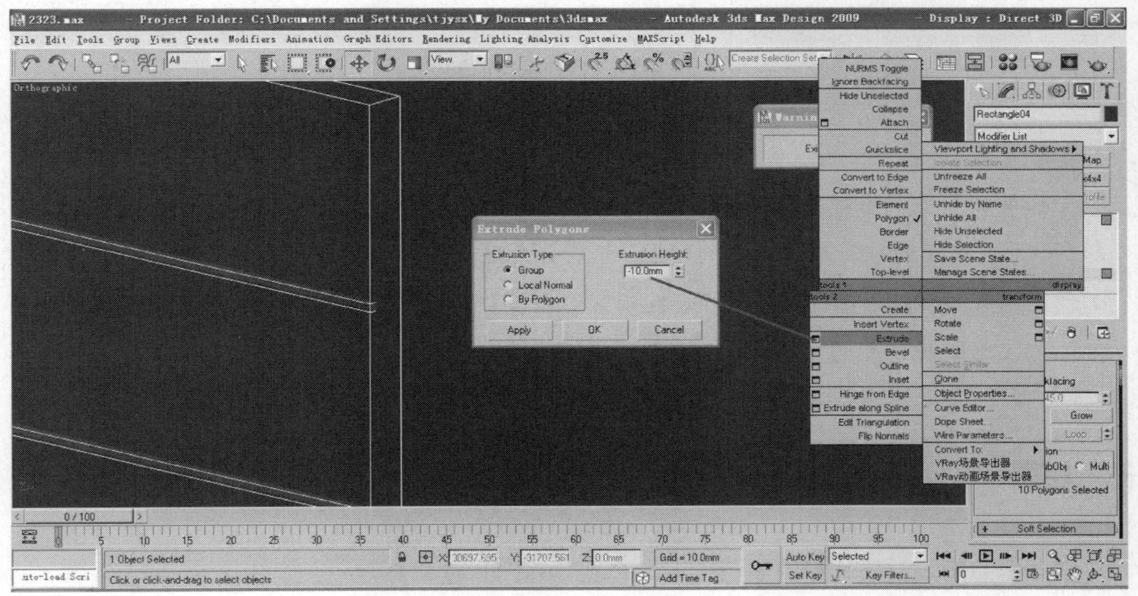

图 4-26　挤出

## 二、合并

合并文件允许用户从另外一个场景文件中选择一个或者多个对象，然后将选择的对象放置到当前的场景中。例如，用户可能正在使用一个室内场景工作，而另外一个没有打开的文件中有许多制作好的家具。如果希望将家具放置到当前的室内场景中，那么可以使用“File / Merge”将家具合并到室内场景中。该命令只能合并 max 格式的文件，如图 4-27 所示。

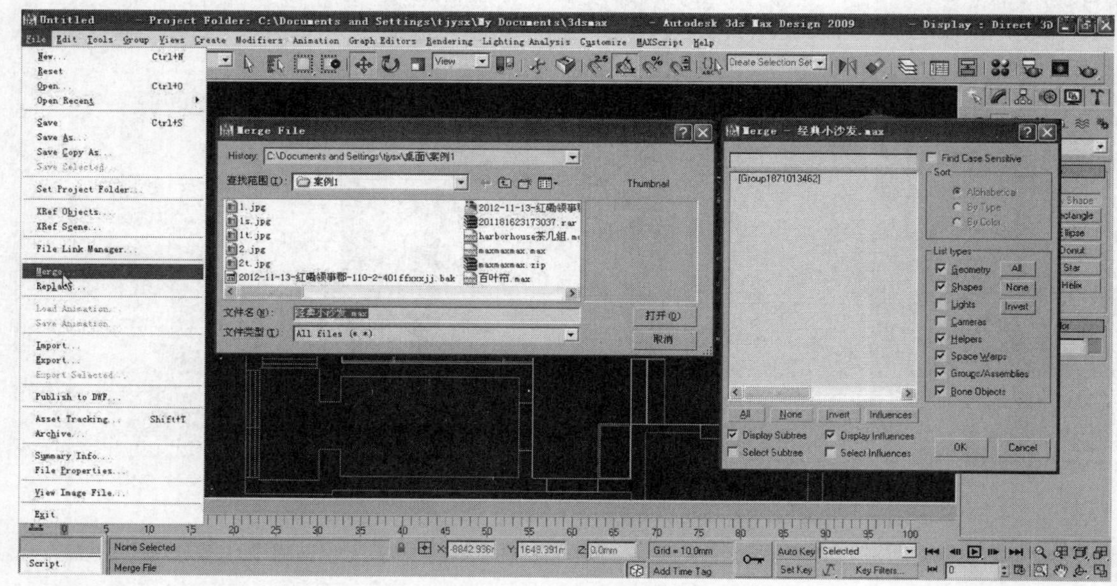


图 4-27　合并家具模型

如果合并进来的对象与场景匹配得都非常好，是因为在建模过程中仔细考虑了比例问题。如果在建模的时候不考虑比例问题，可能会发现从其他场景中合并进来的文件与当前工作的场景不匹配。在这种情况下，就必须变换合并进来的对象，以便匹配场景的比例和方位。注意要将合并的家具组成一组。

## 三、材质

以地面为例，材质选择的步骤如下。

选择“地面”，打开材质编辑器（M），选择一个材质球，命名为“地面”（图 4-28）。添加位图 Bitmap 调整相应参数（图 4-29，图 4-30），设置位图参数（图 4-31），反射加衰减贴图（图 4-32），调整曲线参数（图 4-33），调整材质球的基本参数（图 4-34），添加“UVW map”修改器（图 4-35）。

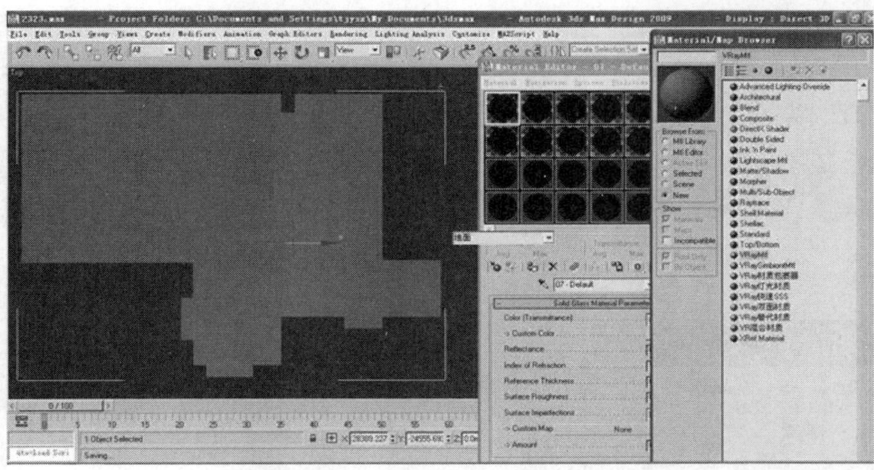

图 4-28　命名“地面”材质球

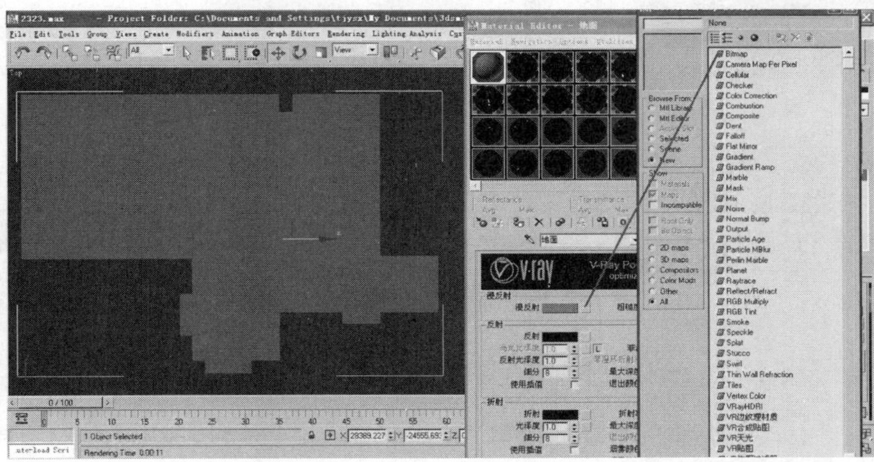

图 4-29　添加位图

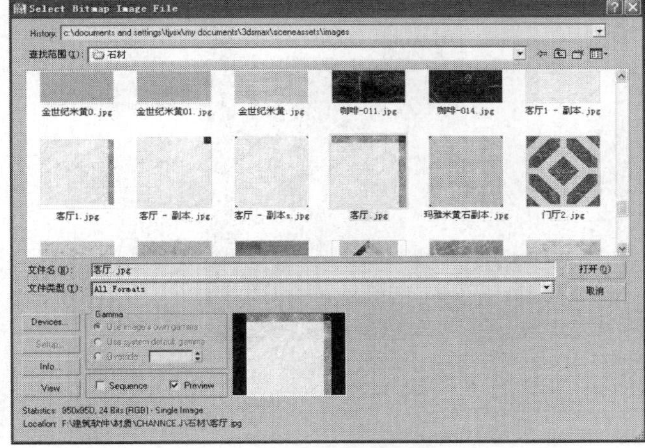

图 4-30　选择图片

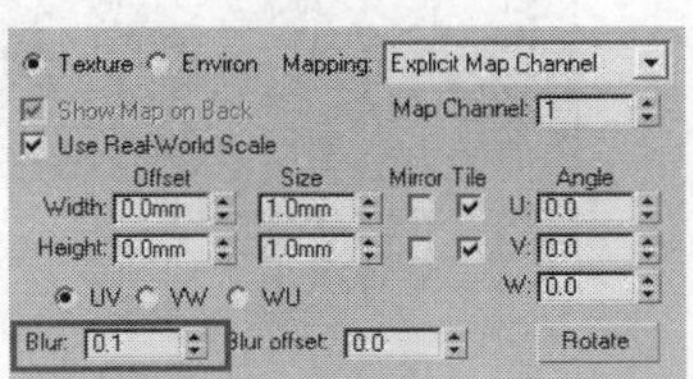


图 4-31　位图参数设置

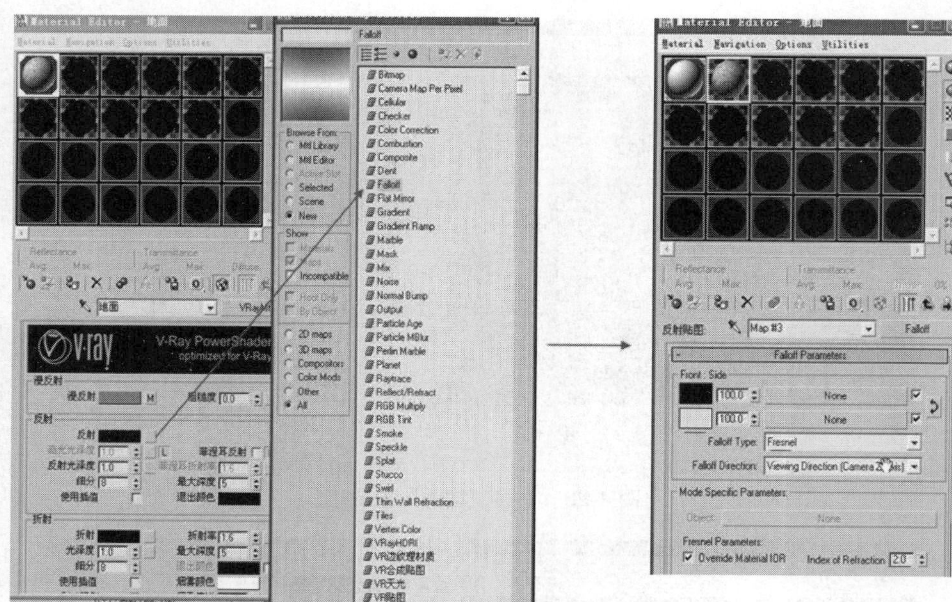

图 4-32 衰减参数设置

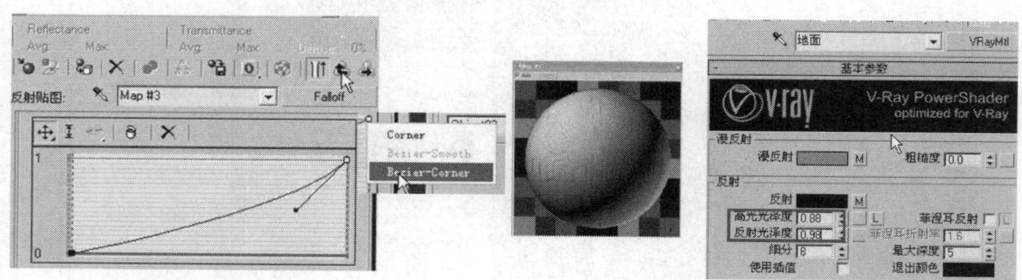

图 4-33 调整曲线参数

图 4-34 材质球的基本参数设置

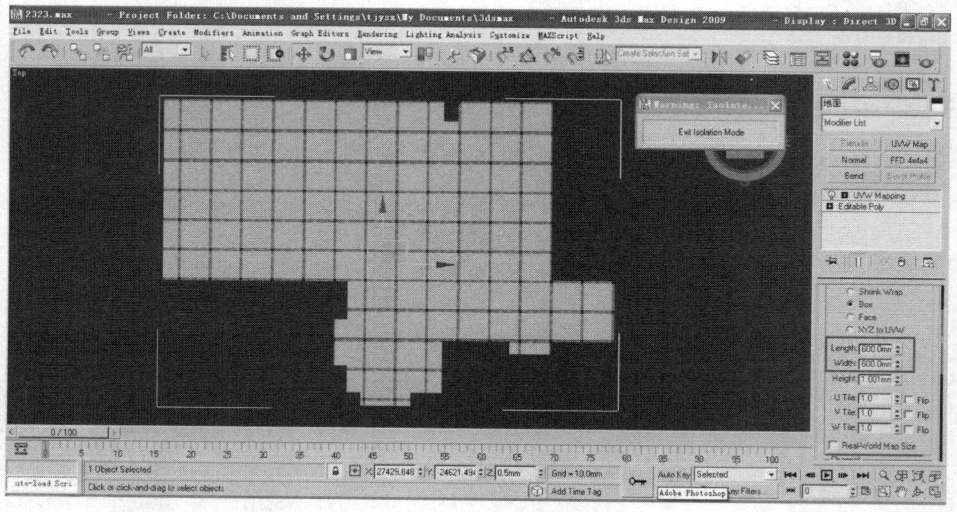

图 4-35 添加“UVW map”

地砖斜拼效果，如图 4-36 所示。

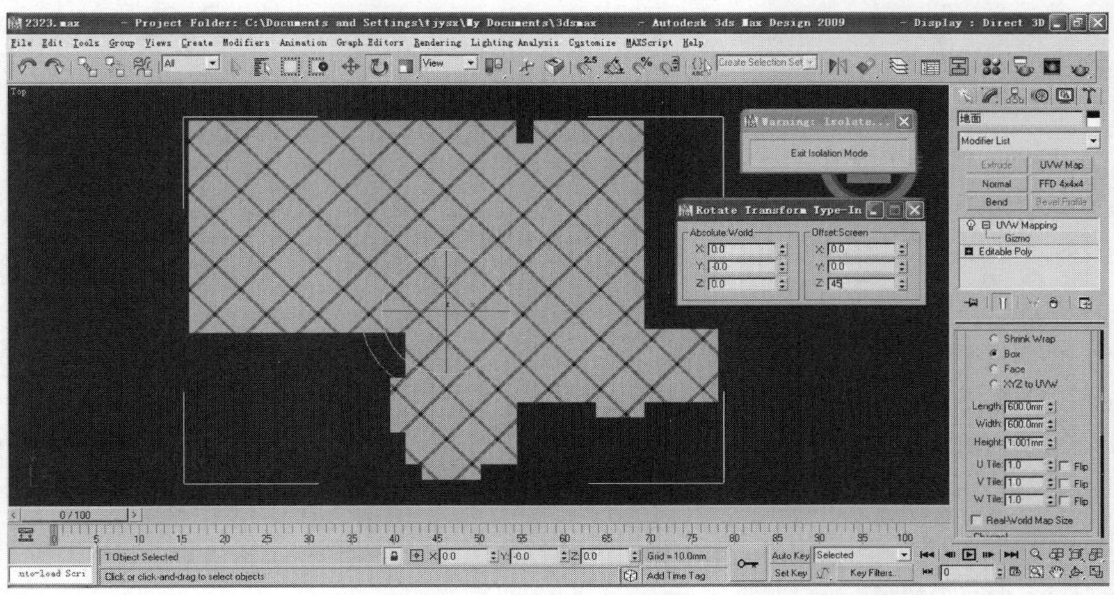

图 4-36　地砖斜拼效果图

针对不同材质，V-ray 调整方法有以下几种。

（1）抛光大理石。

漫射：表面加大理石贴图。

反射：34，34，34。

细分：10。

（2）亚面石材。

漫射：表面加石材贴图。

反射：34，34，34。

光泽度：0.85。

细分：10。

（3）光亮清漆木材。

漫射：加木材贴图。

反射：50，50，50。

高光：0.85。

细分：10。

（4）亚光实木。

漫射：表面加木材贴图。

反射：44，44，44。

光泽度：0.85。

（5）普通布料。

漫射：表面加布料贴图。

凹凸：添加布纹贴图。

（6）不锈钢。

漫射：黑色。

反射：220。

高光：0.8。

（7）砂钢。

漫射：黑色。

反射：170，170，170。

光泽度：0.85。

（8）有色不锈钢。

漫射：黑色。

反射：设定为有色。

（9）清玻璃。

漫射：灰色。

反射：86，86，86。

折射：白色。

菲涅尔：打开。

影响阴影：打开。

（10）有色玻璃。

反射：86，86，86。

折射：白色。

菲涅尔：打开。

影响阴影：打开。

烟雾色：加比较浅的颜色。

（11）磨砂玻璃。

漫射：209，255，203。

反射：86，86，86。

光泽度：0.85。

折射：白色。

菲涅尔：打开。

影响阴影：打开。

（12）瓷器。

漫射：白色。

反射：133，133，133。

菲涅尔：打开。

（13）镜子。

漫射：黑色。

反射：163，163，163。

（14）纸。

漫射：白色。

（15）皮革。

漫射：加皮革色。

反射：27，27，27。

高光：0.7。

光泽度：0.85。

凹凸：添加皮革纹贴图；50。

（16）单色窗纱。

漫射：白色。

折射率：1.01。

折射：加衰减贴图，并将衰减参数中的黑白色交换。白色可设定为其他色。

混合曲线中：反转勾选，透明度不好时可调解曲线为“弓”字形，如太亮时可用鼠标右键单击选 VR 属性，将接收全局照明减低。

（17）花纹窗纱。

漫射：白色。

折射率：1.01。

折射：加衰减贴图，并将衰减参数中的黑白色交换。白色可设定为其他色。

混合曲线中：反转勾选透明度不好时可调解曲线为“弓”字形，如太亮时可右击鼠标选 VR 属性，将接收全局照明减低。

在当前结果添加混合贴图在混合量中加花纹图片，然后在将颜色 1 贴图复制到颜色 2 上，并将颜色 2 中的黑白色交换，不勾选反转。

（18）有色液体饮料。

漫射：灰色。

反射：75，75，75。

折射：白色。

菲涅尔：打开。

折射率：1.33。

烟雾色：加比较浅的颜色。

HSV：葡萄色 223，251，11；橙色 34，8，255。

影响阴影：打开。

（19）池水。

漫射：灰色。

反射：84，84，84（或加衰减）。

折射：白色。

菲涅尔：打开。

折射率：1.33。

凹凸：大小 10。

加燥波：大小 120。

（20）塑料。

漫射：蓝色；151，1，243。

反射：29，29，29。

高光：0.55。

光泽度：0.85。

（21）水纹玻璃。

漫射：灰色。

反射：106，106，106。

折射：白色。

菲涅尔：打开。

凹凸：大小 20。

大理石（3D 带）：大小 23，宽度 0.025。

影响阴影：打开。

（22）裂纹与冰裂玻璃。

漫射：灰色。

反射：86，86，86。

折射：白色。

菲涅尔：打开。

凹凸：大小 20；加裂纹贴图或裂玻贴图。

影响阴影：打开。

（23）置换地毯，物体自身加 VR 置换命令并加纹理贴图。

数量：20。

漫射：加地毯图。

（24）拉丝金属。

漫射：黑色。

反射：衰减黑色部分加拉丝图（注意调整 W 位置）。

光泽度：0.85。

（25）绒布

漫射：衰减黑色部分加贴图。

类型：Freshel。

曲线：调解为后点弧行。

（26）铝塑。

漫射：230，230，230。

反射：20，20，20。

高光：0.65。

光泽度：0.85。

（27）电视机屏幕。

漫射：27，27，27。

反射：30，30，30。

加衰减白色值：201，226，255。

高光：0.7。

光泽度：0.9。

（28）床单

漫射：203，141，43。

漫射：加衰减贴图。

（29）暖色墙体。

漫射：239，178，129。

反射：20，20，20；关闭选项中的反射。

（30）白墙。

漫射：245，245，245。

反射：18，18，18。

高光：0.5。

关闭选项中的反射。

（31）暖色墙体。

漫射：239，178，129。

反射：20，20，20；关闭选项中的反射。

（32）木地板。

漫射：表面加木地板贴图。

反射：衰减贴图。

白色：228，242，255。

类型：Freshel。

光泽度：0.85。

模糊：0.1。

（33）窗户玻璃。

漫射：69，83，100。

反射：253，253，253，衰减贴图。

菲涅尔：打开。

折射：白色。

折射率：1.517。

（34）床单。

漫射：203，141，43，加衰减贴图。

色 1：203，141，43。色 2：240，222，195。

（35）窗帘布。

漫射：白色。

高光：0.5。

光泽度：0.9。

折射：89，89，89，加衰减贴图。

色 1：52，52，52。色 2：0，0，0。

光泽度：0.8。

（36）木地板。

漫射：表面加木材贴图。

反射：22，22，22。

高光：0.62。

光泽度：0.9。

## 四、室内渲染表现与出图流程

（1）测试阶段，如图 4-37 所示。

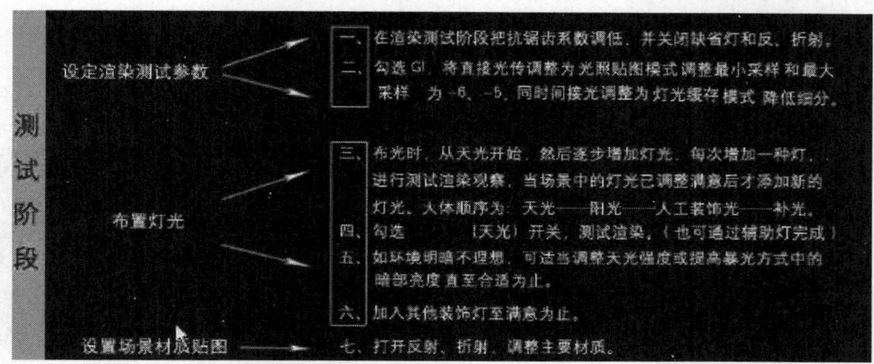


图 4-37　测试阶段

（2）出图阶段，如图 4-38 所示。

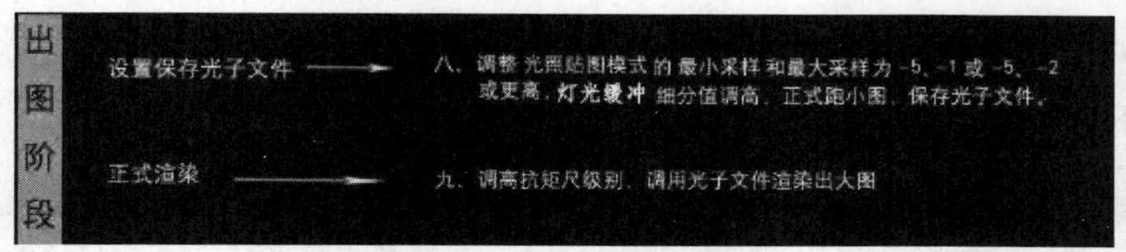


图 4-38　出图阶段

## 五、V-ray 渲染器的调节

测试阶段要求的是速度，对出图的质量有很高的要求。

（1）全局开关设置，如图 4-39 所示。

（2）图像采样设置，如图 4-40 所示。

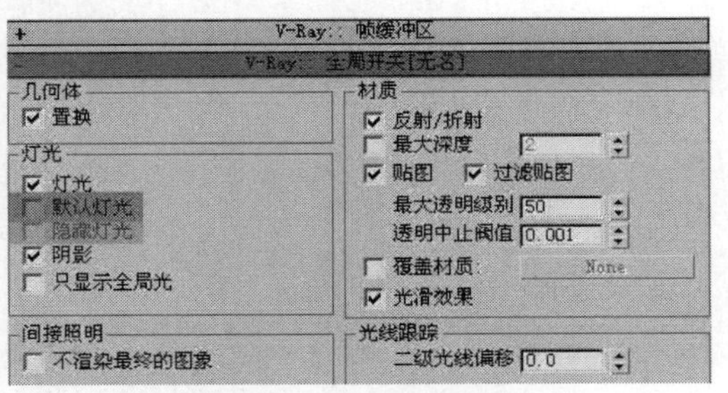
图 4-39　全局开关设置

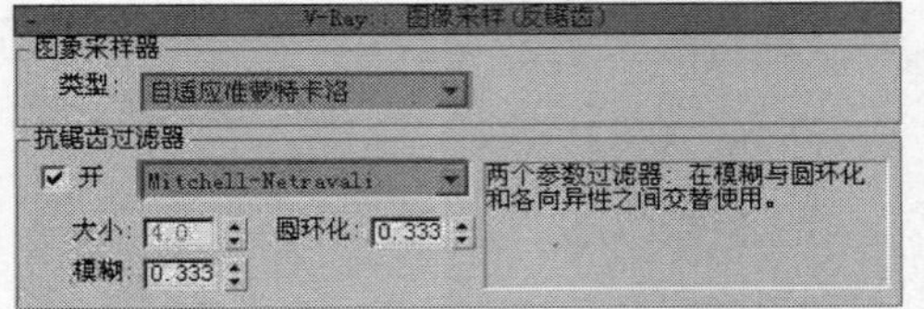
图 4-40　图像采样设置

（3）自适应准蒙特卡洛设置，如图 4-41 所示。

（4）间接照明设置。

测试：一次倍增。全局引擎：发光贴图。

出图：一次倍增。全局引擎：灯光缓冲。

（5）发光贴图调节方法，如图 4-42 所示。

图 4-41　自适应准蒙特卡洛设置

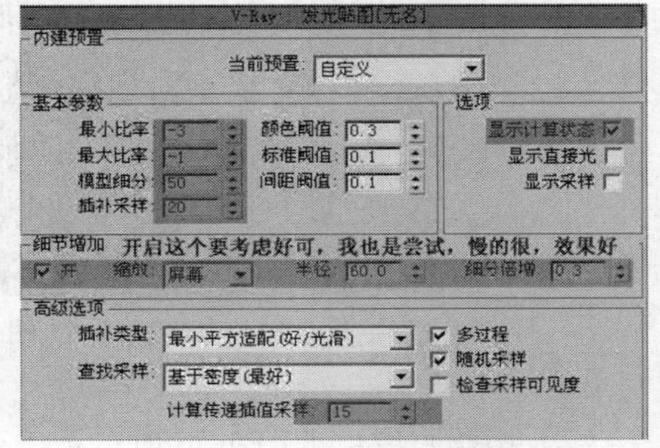
图 4-42　发光贴图调节方法

（6）灯光缓冲设置，如图 4-43 所示。

（7）环境设置，如图 4-44 所示。

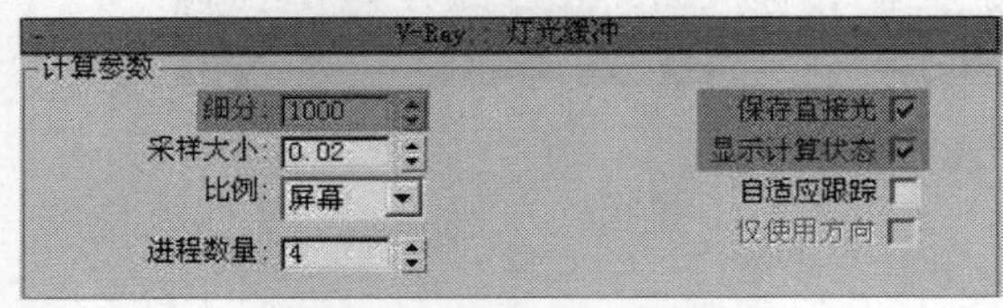
图 4-43　灯光缓冲设置

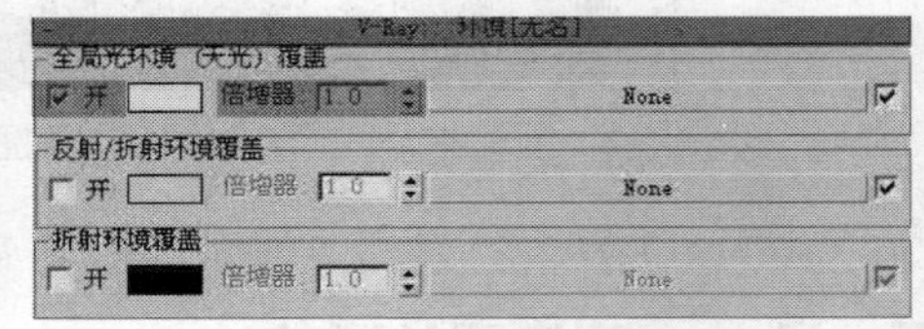
图 4-44　环境设置

（8）rQMC 采样器设置，如图 4-45 所示。

（9）颜色映射设置，如图 4-46 所示。

（10）系统设置，采用默认值。

图 4-45　rQMC 采样器

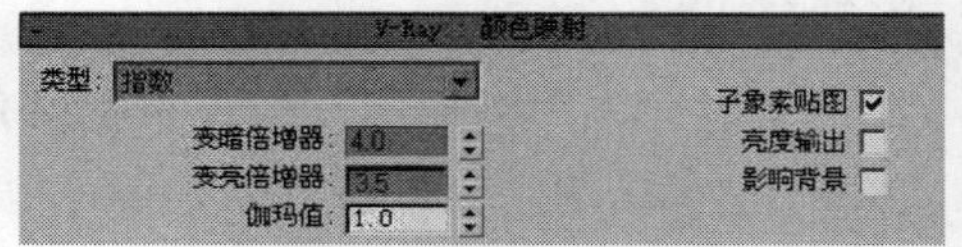


图 4-46　颜色映射设置

## 六、灯光

**1. 常用灯**

包括泛光灯、聚光灯、平行光的灯光参数设置。

**2. 典型灯**

根据光源的性质不同，可以进行以下几种设置。

（1）地灯（一般是指落地台灯）。

灯光类型：VR 灯光（球体）。

颜色：255，209，143。

倍增器：8。

不可见：勾上。

影响镜面：不勾。

细分：15。

（2）天光。

灯光灯型：VR 灯光（平面）。

颜色：141，181，255 或 185，218，255，255，230，191，174，203，255。

倍增器：2～10。

不可见：勾上。

影响镜面：不勾。

细分：15。

（3）台灯。

灯光类型：VR 灯光（球体）。

颜色：255，209，143。

倍增器：8～10

半径：67。

不可见：勾上。

影响镜面：不勾。

细分：15。

（4）射灯（一般使用自由点光源加光域网）。

强度：200 左右。

（5）筒灯（一般使用自由点光源加光域网）。

启用 V-ray 阴影。

强度：1500。

# 第二部分

## 室外效果图设计

第五章　室外建筑效果图制作

## 第五章

# 室外建筑效果图制作

室外设计是设计师的另一个工作方向，需要掌握的内容与室内设计也有所不同。

**知识目标：**

- 掌握实地测量房屋的方法和绘制手绘草图的能力。
- 掌握绘制 CAD 图纸的方法。
- 掌握 3D MAX 模型的制作方法。

室外建筑效果图是针对某一物象，对整体和局部空间及环境和配景的表现，每张效果图从起笔到最终完成都配有详细的作画步骤，如同一部静态电影，将效果图表现的形式展示在大家面前。选择学生比较熟悉的环境作为教学内容，通过实地测量和完成手绘图的绘制，由浅入深、循序渐进的学习，初步掌握一套完整的室外建筑效果图表现技法。

本章将以校园内的建筑——主教学楼（图 5-1）为例，在教学过程中为了培养学生的动手能力，调动学生的学习兴趣和积极性，以小组为单位，分工合作，全员参与制作完成实例项目，培养学生之间的沟通合作的能力，了解全部室外建筑效果图制作的流程及注意事项。

图 5-1　学校主楼图

# 第一节　实地测量绘制手绘草图

建筑效果图外形的准确程度是决定一幅效果图合格与否的最基本条件，如果没有合理的比例结构关系，没有准确的外形轮廓，就不可能有正确的建筑造型效果。在没有CAD图纸的情况下，实地测量进而绘制手绘图，也是确定建筑外形准确度的一种方法。

绘制手绘草图的基本思想是由整体至局部，逐步细化。我们需要在动手之前做到心中有数，考虑将一个建筑划分为多个相对独立的部分。然后分析每一个部分，逐步细化。通过实地测量（图5-2），对每个细节标注尺寸，估算出整体的大概尺寸。

图5-2　学生进行实地测量

如果只有一把米尺，怎么样测量一栋各层规格相同的楼房的高度呢？先测量每层的高度包括楼板厚度，再乘以层数。在测量过程中注意细节的测量，如台阶的长、宽、高尺寸，门的尺寸以及门的位置距离，窗口的尺寸以及窗户离地面的距离和位置，护栏的形状等（图5-3）。

最终可以细化到建筑的某个立面，观察建筑的结构变化，考虑造型的进退关系。通过进一步分析即可完成所需要的造型绘制和测量。当然，在刻画每个细节的同时，又要考虑到整体的完整性。完美的局部加上协调的整体效果，才能得到令人满意的最终效果（图5-4、图5-5）。

图 5-3　手绘平面图和实体对比（一）

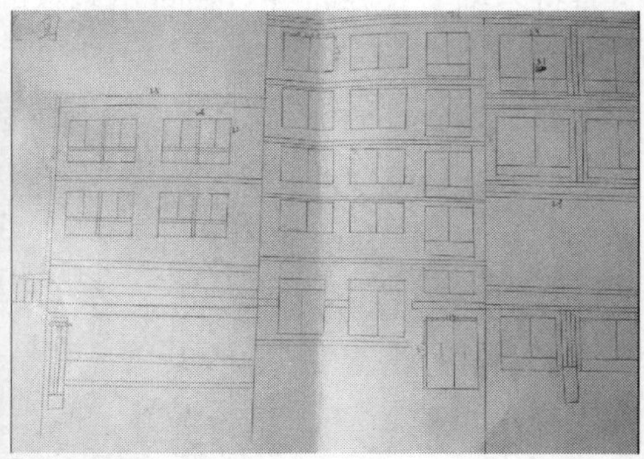

图 5-4　手绘平面图和实体对比（二）

图 5-5　手绘平面图和实体对比（三）

这个工作阶段，主要是为了后面的工作奠定基础。在这里，应坚持两个主要的原则：一是“精确”，我们的测量和草图就是为了能够真实、生动地展示建筑的结构和质地，全面地表现建筑设计者的设计理念和意图，而精确的构图和测量是一切的基础；二是“远粗近细、不见不建”，所谓的远粗近细，是指距离观察点远的造型可以刻画得粗糙一些，距离近的造型要刻画得精细一些。这样既能够满足后面建模精度的需要，又可以尽可能地减少造型的面数；“不见不建”是指对于看不见的部分（比如建筑的内部），如果不需要做场景的巡游效果，那么建筑背立面、侧立面等模型，可以省略，不制作模型。

# 第二节　绘制 CAD 图纸

在效果图制作中，经常会先导入 CAD 平面图，再根据导入的平面图的准确尺寸在 3ds 中建立造型。依据手绘图纸及测量的大概尺寸，使用 AutoCAD 绘制正面图、背立面、侧立面。DWG 格式是标准的 AutoCAD 绘图格式。

我们以图 5-6 所示的教学楼前立面图为例，详细讲述建筑立面图的绘制过程及方法。

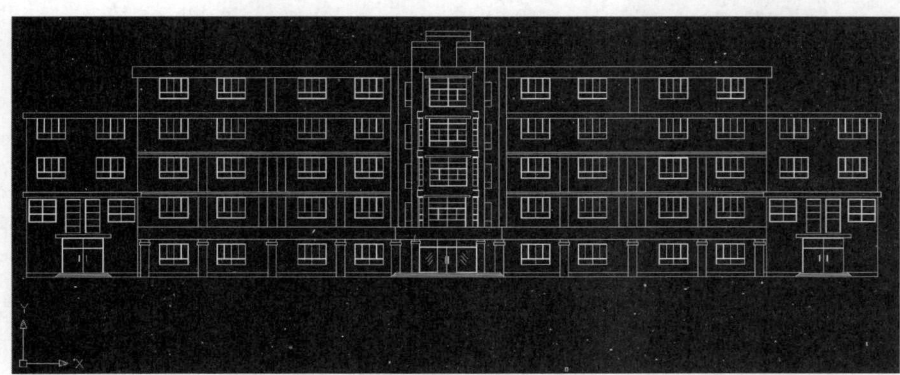


图 5-6　教学楼前立面图

## 一、设置绘图环境

### 1. 新建文件

新建文件，并保存文件“教学楼前立面.dwt”，如图 5-7 所示。

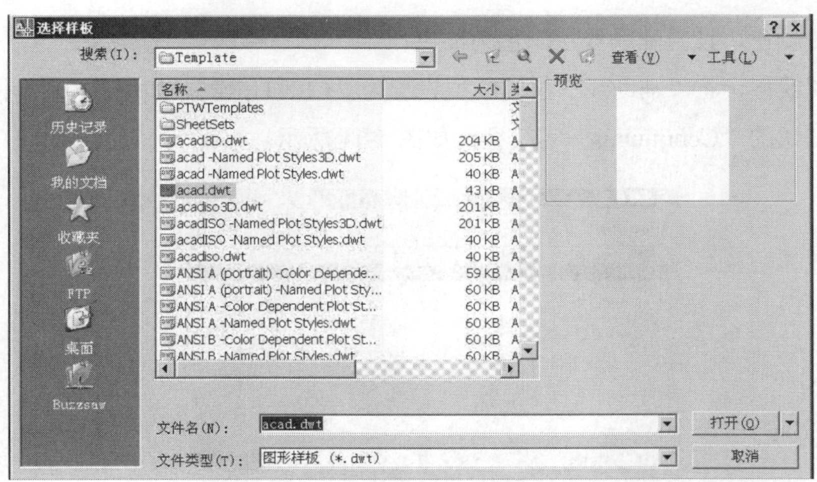


图 5-7　新建文件

**2. 显示全部作图区域**

为了方便操作显示全部作图区域，操作方法“视图/缩放/缩小”，如图 5-8 所示。关闭 ucs 打开正交开关（按[F8]）。

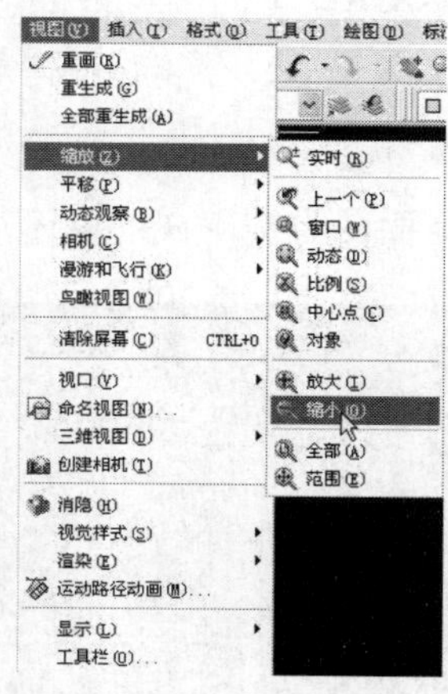

图 5-8　显示全部范围

**3. 设置图层**

（1）格式→图层，打开“图层特性管理器”对话框，单击“新建”按钮，新建 2 个图层，即辅助线、立面，如图 5-9 所示。

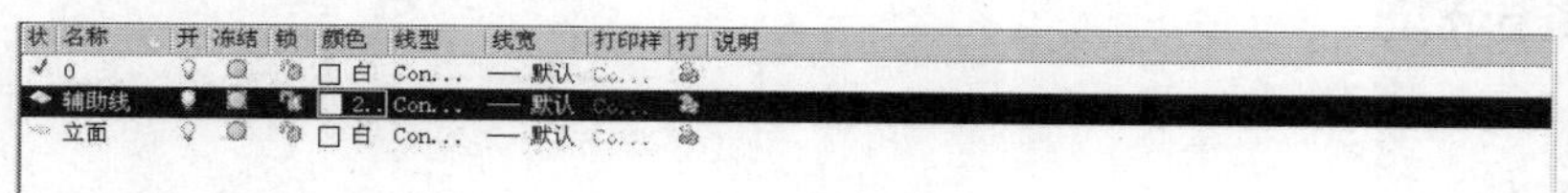

图 5-9　新建图层

（2）设置颜色，设置辅助线层颜色为红色。

（3）设置线型，将“辅助线”层的线型设置为“CENTER2”，如图 5-10 所示；“立面”层的线型保留默认的“Continuous”实线型，如图 5-11 所示。

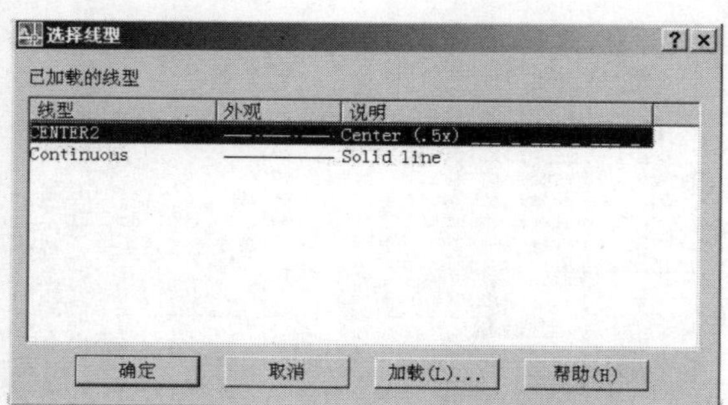

图 5-10　辅助线线型

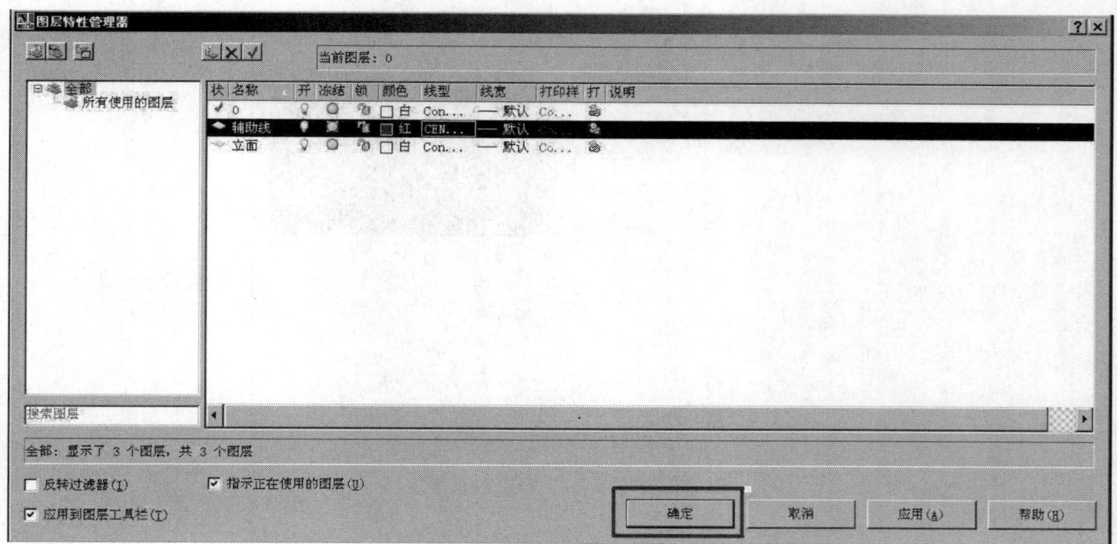


图 5-11　图层设置

（4）单击“确定”按钮，返回到 AutoCAD 作图界面。

在绘图时可根据需要决定图层的数量及相应的颜色与线型。

**4. 设置线型比例**

在命令行输入线型比例命令 LTS 并回车，将全局比例因子设置为 300。

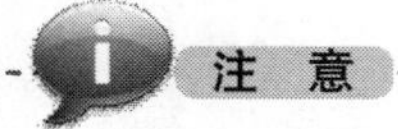


为使点划线能正常显示，须将全局比例因子按比例放大。

**5. 设置文字样式和标注样式**

（1）设置文字样式。“汉字”样式采用“仿宋_GB2312”字体，宽度比例设为 0.8，用于书写汉字；“数字”样式采用“Simplex.shx”字体，宽度比例设为 0.8，用于书写数字及特殊字符。

（2）设置标注样式。格式/标注样式，弹出“标注样式管理器”对话框，新建“建筑”标注样式，然后对标注的“直线、符号和箭头、文字和调整”进行设置，如图 5-12～图 5-15 所示。

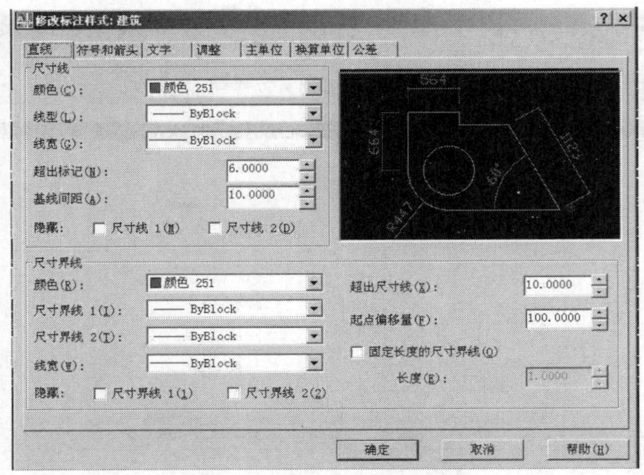


图 5-12　标注的直线设置

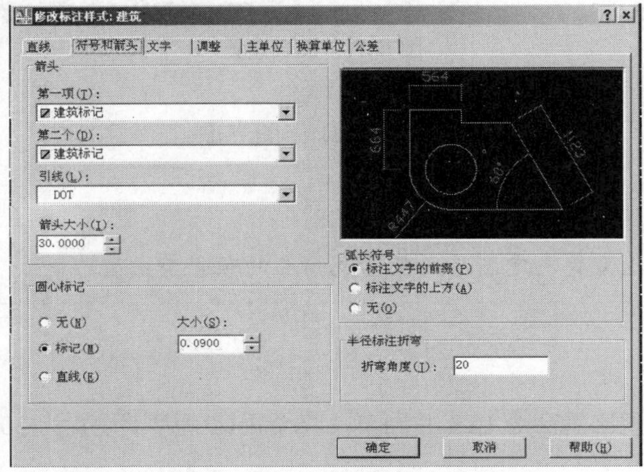


图 5-13　标注的符号和箭头设置

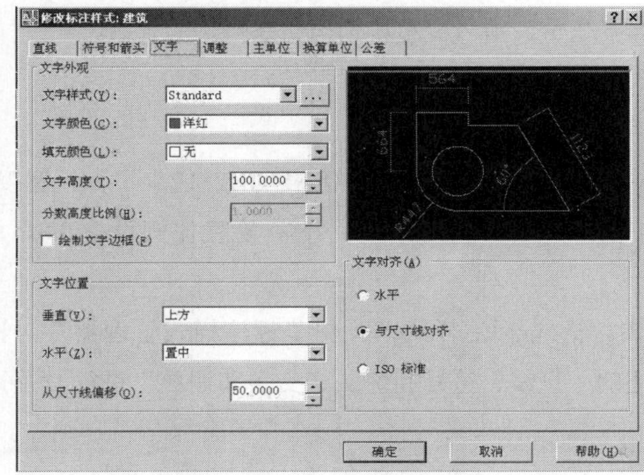


图 5-14　标注的文字设置

**6. 完成设置并保存文件**

单击“文件”，选择“保存文件”，文件的全称为“教学楼前立面图.dwg”。

至此，绘图环境的设置已基本完成，这些设置对于绘制一幅高质量的工程图纸而言非常重要。

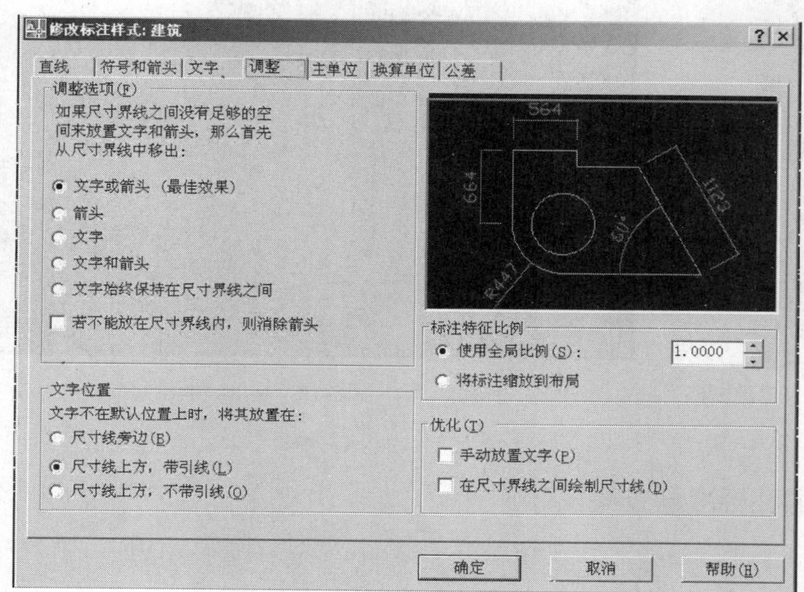

图 5-15　标注的调整设置

## 二、绘制辅助线

（1）打开已存盘的“教学楼前立面图.dwg”文件，进入 AutoCAD 的绘图界面。

（2）将“辅助线”层设置为当前层。单击状态栏中的【正交】按钮，打开正交状态。

（3）通过直线命令，在图幅内适当的位置绘制水平基准线和竖直基准线（绘制的尺寸可以大一些）。

（4）按照图 5-16 和图 5-17 所示的尺寸，利用偏移命令，绘制出全部辅助线。绘制完成整体一半的辅助线如图 5-18 所示。注意整体中轴线的位置。

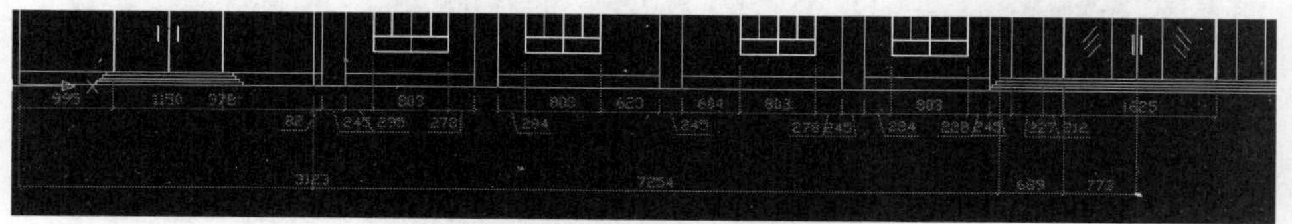

图 5-16　水平辅助线间距

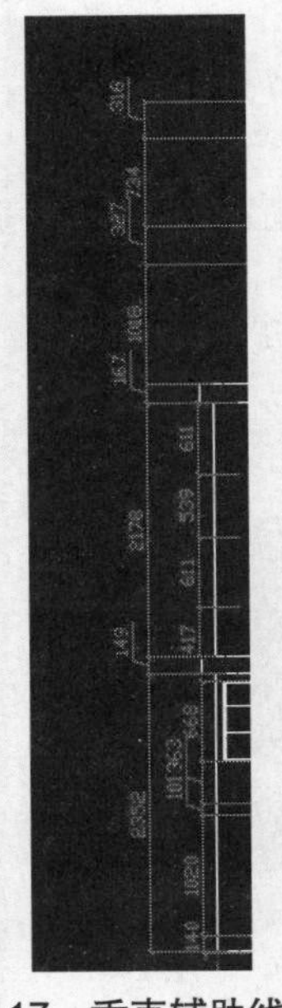

图 5-17　垂直辅助线间距

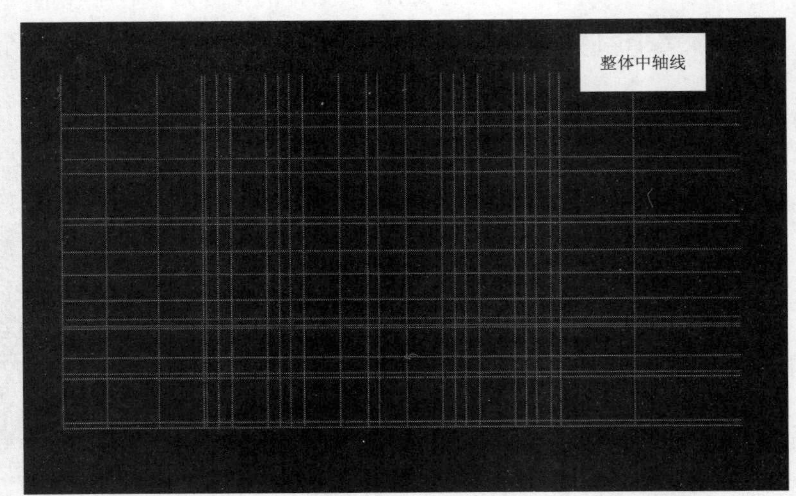


图 5-18　辅助线的绘制

## 三、绘制底层和标准层立面

**1. 绘制底层和标准层的轮廓线**

（1）将“立面”图层设为当前层，单击状态栏中的“对象捕捉”按钮，打开对象捕捉方式，然后设置捕捉方式为“端点”和“交点”方式。

（2）绘制底层和标准层的轮廓线。使用直线命令绘制，如图 5-19 所示；利用工具/镜像工具，沿着“整体中轴线”进行水平方向的镜像复制，完成另一半的整体效果，如图 5-20 所示。

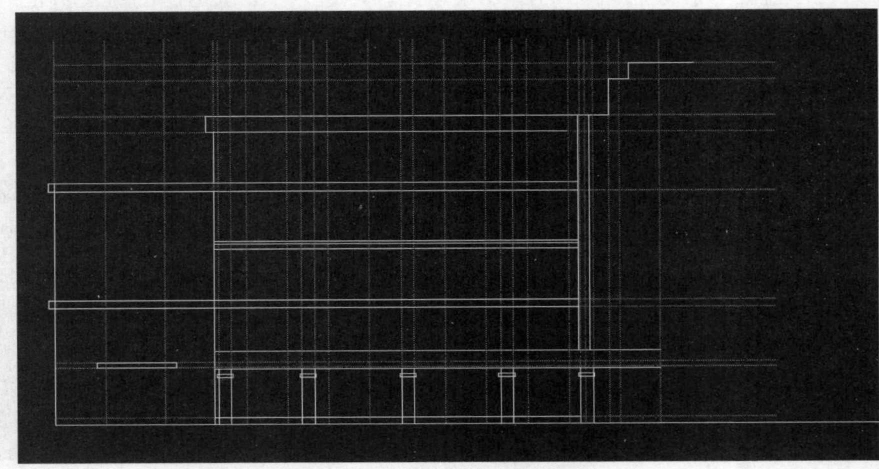

图 5-19　底层和标准层的轮廓线

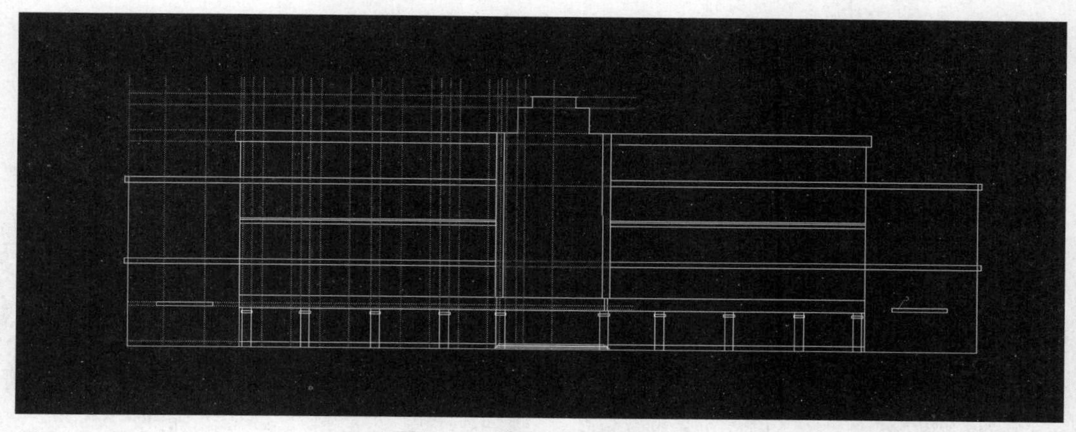

图 5-20　镜像后的整体轮廓

**2. 绘制底层和标准层的窗**

在绘制窗之前，先观察一下这栋建筑物上一共有多少种类的窗户，在 AutoCAD 作图的过程中，每种窗户只需作出一个，其余都可以利用 AutoCAD 的复制命令或阵列命令来实现。

绘制窗户的步骤如下。

（1）将“立面”层设为当前层，同时将状态栏中的“对象捕捉”按钮打开，选择“交点”和“垂足”捕捉方式。

（2）绘制底层最左面的窗。

① 绘制窗户的外轮廓线。使用矩形或直线绘图工具，捕捉辅助线上的交叉点，输入窗外轮廓线的测量值，首尾依次绘制直线，按【Enter】键结束直线的绘制，如图 5-21 所示。

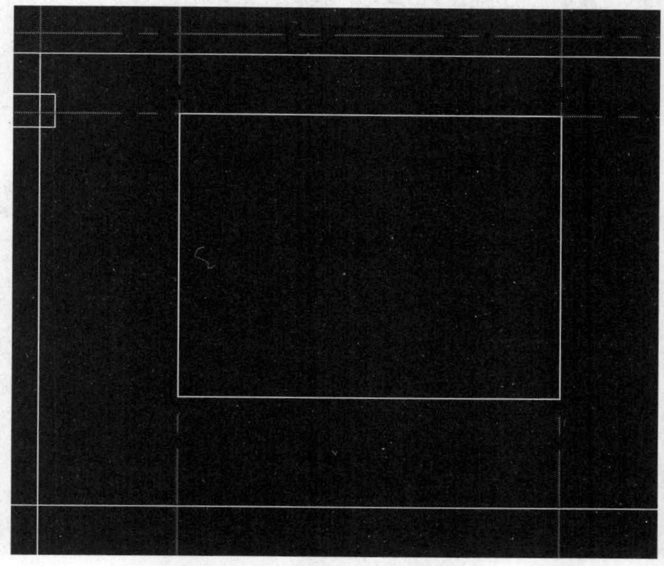

图 5-21　窗外轮廓线的绘制

② 绘制内轮廓线。使用偏移工具，输入偏移距离 10（或 100）并按【Enter】键，然后选择窗外轮廓线并向内侧偏移，空格键结束命令，结合修剪工具，修剪多余部分。完成的窗户内轮廓线如图 5-22 所示。

③ 利用实际测量尺寸绘制窗扇。使用偏移、修剪工具，绘制完底层最左侧的窗如图 5-23 所示。

图 5-22 修剪后的窗内轮廓线

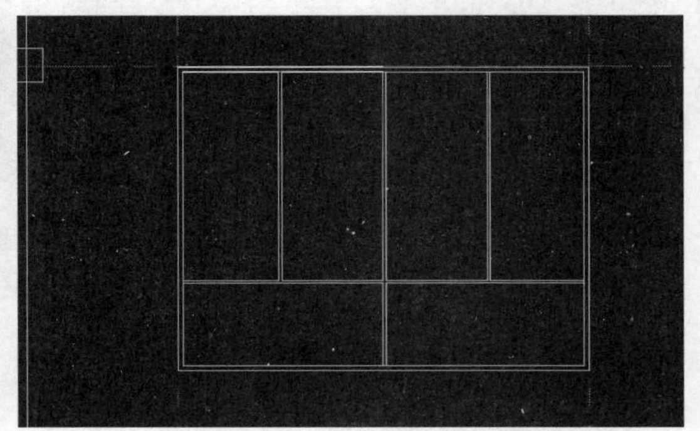

图 5-23 窗扇的绘制

用和以上相同的方法，绘制出其他不同规格的窗户如图 5-24、图 5-25 所示。具体步骤就不再赘述了。

图 5-24 左侧窗户

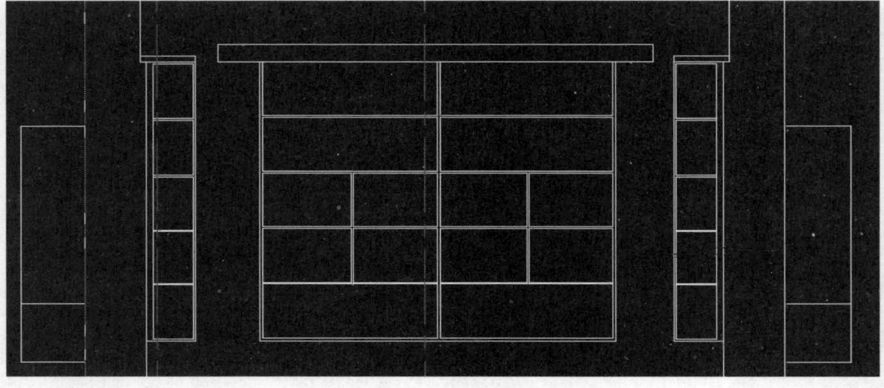

图 5-25 中间窗户

**3. 阵列出立面图中各层左侧的窗**

使用阵列命令，弹出“阵列”对话框，单击“选择对象”按钮，框选前面绘制的底层左侧窗，如图 5-26 所示，然后单击【确定】按钮完成后如图 5-27 所示。用同样方法完成其他窗户的绘制，如图 5-28 所示。

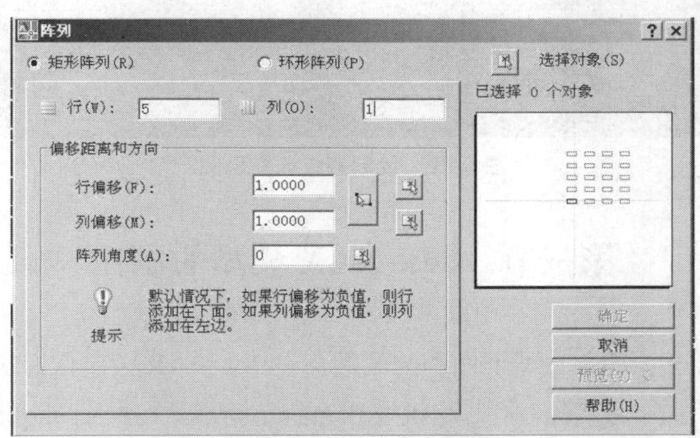


图 5-26　陈列对话框

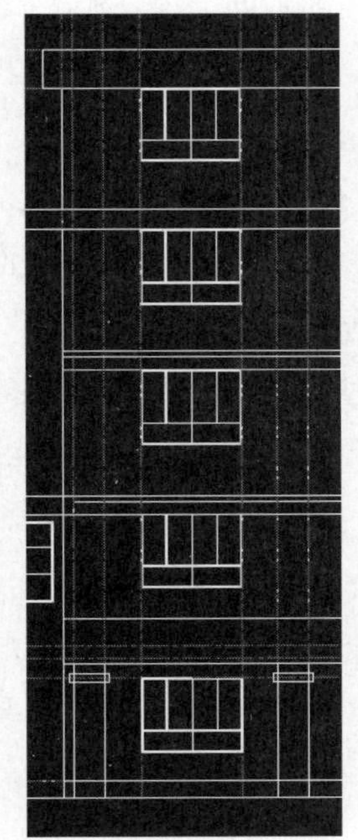

图 5-27　阵列窗后的结果

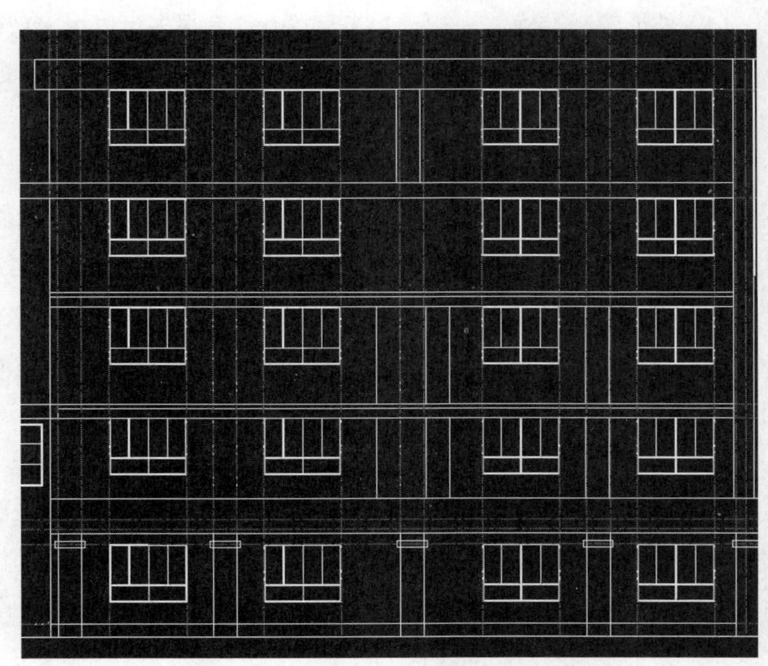

图 5-28　其他窗户的位置

**4. 镜像出右侧的窗**

修改命令，框选左侧所有的窗，以整体中轴线的顶点作为镜像线第一点，到底边捕捉垂足作为镜像线第二点，两次单击【Enter】键，形成立面如图 5-29 所示。

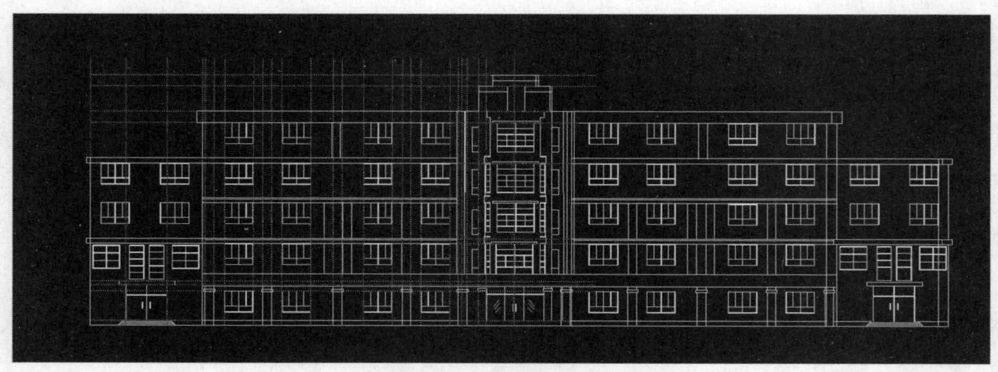

图 5-29　绘制完成前立面图

# 第三节　3ds MAX 模型的制作

在这个阶段，要根据建筑的平面图和立面图，在 3ds MAX 中制作建筑的三维模型，这是效果图制作的基础阶段，材质的制作、相机及灯光的设置都是在这个基础上进行的。如果制作的模型有问题，那么后面的步骤就无从谈起了。

（1）外形轮廓准确。在 3ds MAX 软件中，有很多可以用来精确建模的辅助工具，例如（单位设置）、（捕捉）、（对齐）等。在实际制作过程中，应灵活运用这些工具，以求达到精确建模的目的。

（2）分清细节层次。在建模的过程中，在满足结构要求的前提下，应尽量减少造型的复杂程度，也就是尽量减少造型点、线、面的数量。这样，不仅可以保证整个工作的顺利进行，而且会加快渲染速度，提高工作效率，这是在建模阶段需要着重考虑的问题。

（3）建模方法灵活。每一个建筑造型，都有很多种建模方法，灵活运用 3ds MAX 提供的多种建模方法，制作既合理又科学的建筑造型，是制作一幅高品质建筑效果图的首要条件。我们在建模时，不仅要选择一种既准确又快捷的方法来完成建模，还要考虑在以后的操作中是否利于修改。

（4）兼顾贴图坐标。贴图坐标是调整造型表面纹理贴图的主要操作命令，一般情况下，原始物体都有自身的贴图坐标，但通过对造型进行优化、修改等操作，造型结构发生了变化，其默认的贴图坐标也会错位，此时就应该重新为此物体创建新的贴图坐标。

## 一、图样的调整和导入

### 1. 图样的调整

一般来说，建筑图样至少要给出平面与立面两部分，如果中间结构比较复杂，还需要给出剖面的图样，用户要根据图样上的标注，具体分析代表的是哪一个面。

一般情况下，原始图样上各种线条都有，比较繁杂。如果留着这些线，一方面干扰人们制作模型的视线；另一方面，将模型导入 3ds MAX 2009 会使显示速度变慢。所以在制作模型之前需要对图样进行精简。将图样中不需要的部分删除，如图框、尺寸标注和填充图案等多余的线条删除或隐藏，只留下建筑的主要结构线即可，如图 5-30 所示。

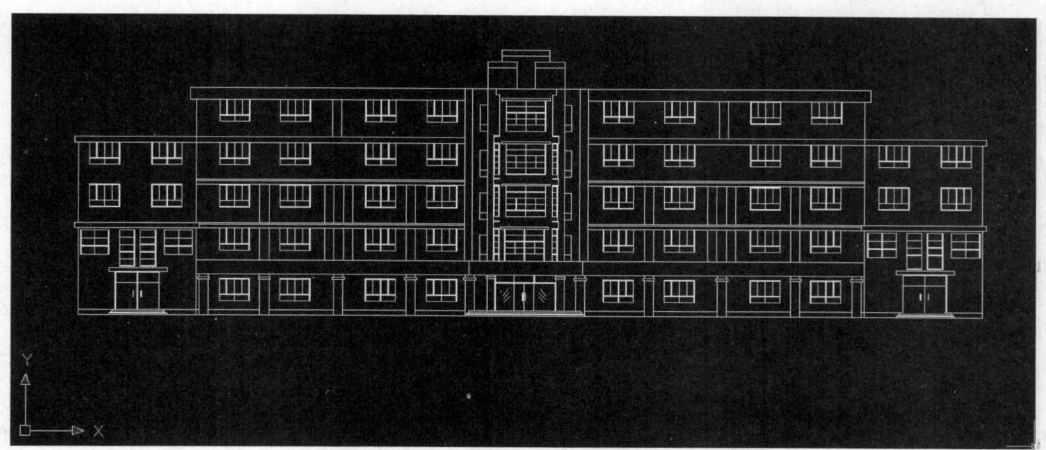


图 5-30　精简后的结构线

**2. 图样的导出**

将整理后的 CAD 文件后，另存为“文件类型：AutoCAD 2000/LT2000 图形（*.dwg）”格式，命名“qianlimian01.dwg”后保存，如图 5-31 所示。

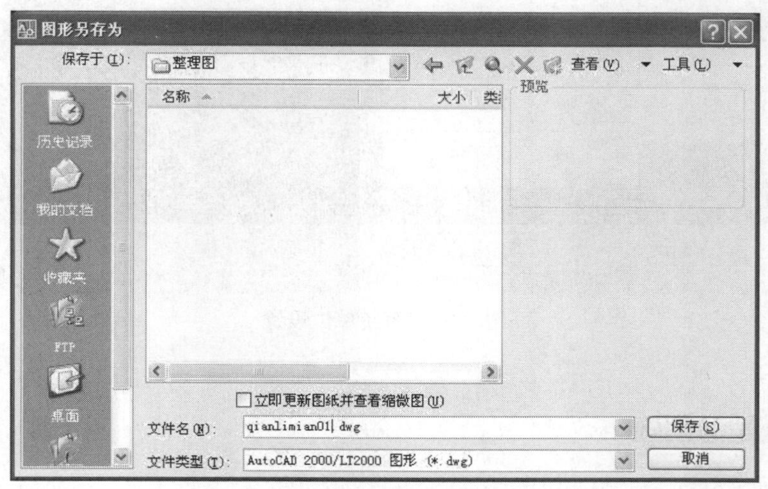


图 5-31　图样的导出

其他立面图导出的操作方法与前面相同，在这里就不再介绍。

## 二、图样文件的导入

**1. 图样单位的判断**

在将图样导入 3ds MAX 2009 之前，最好先了解图样的基本单位，一般情况下，建筑设计图样或施工图样大多数是以毫米为单位的，规划类的图样大多以米为单位，但也不是完全如此。在现实生活中建筑的长度和宽度比较随意，不好评估，但是一般建筑的层高大多是在 2～5 米之间，所以可以通过建筑的高度来判断原始图样的单位。

**2. 图样的导入**

在前面已经确定了图样的单位，接下来就将处理完毕的图样导入 3ds MAX 2009 之中，在导入之前需将 3ds MAX 2009 的系统单位设置为“毫米”以确保与前面图样的单位一致。设置系统单位的步骤如下。

（1）启动 3ds MAX 2009 并保存，命名为“教学楼 001.max”。

（2）进行单位设置，如图 5-32 所示。

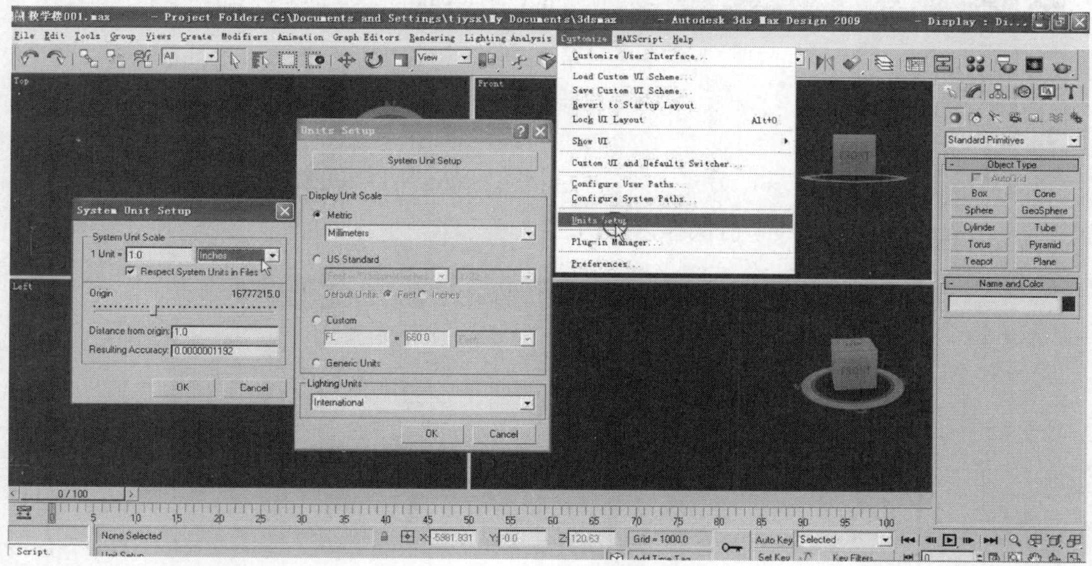


图 5-32　系统单位设置

## 三、教学楼模型的创建

**1. 前墙体的制作**

用户在制作各种建筑效果图时，一定要了解一些常规建筑的墙体厚度和一些基本术语。常规建筑墙体的厚度有 370mm、240mm、190mm、120mm。在建筑行业习惯把 370mm 厚的墙体称为“三七墙”、240mm 厚的墙体称为“二四墙”。在制作建筑效果图时原则上要用标准的墙体厚度，有时也可以根据效果图表现的需要灵活运用，一般使用 180～240mm 之间的数值，因为三维模型重视的是效果而不是真实的数据。

前墙体制作的具体步骤如下。

（1）启动 3ds MAX 2009 并保存文件，文件名为“教学楼 001.max”。

（2）导入 CAD 图样。将“qian001.dwg”、“houmian01.dwg”和“celimian01.dwg”3 个 CAD 文件导入到 3ds MAX 2009 场景中。

（3）将导入的图样，群组后命名为“前立面”、“侧立面”、“侧立面 01”、“后立面”。

（4）使用“选择并旋转”和“选择并移动”工具对导入的图样进行旋转和位置对齐，最终效果如图 5-33 所示。

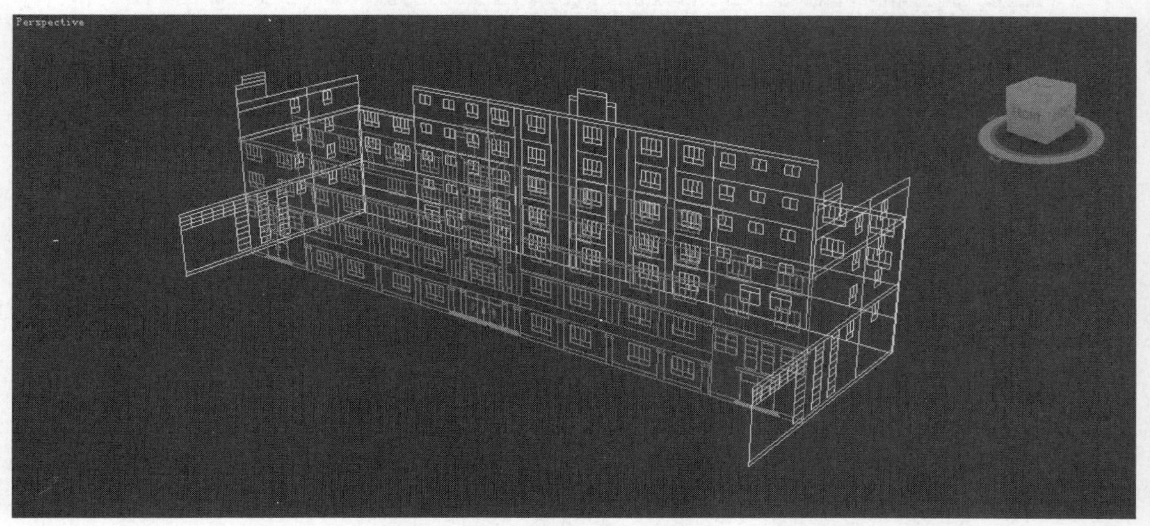


图 5-33　调整图样位置

（5）选中“侧立面”、“侧立面 01”、“后立面”对象，在选中的对象上单击鼠标右键，可将选中的对象隐藏，方便后面的操作，隐藏之后的效果如图 5-34 所示。

（6）根据前面对图样的分析，在这里只要制作前墙体的一半即可。

（7）单选前墙“前立面”，在选中的对象上单击鼠标右键弹出快捷菜单，即可将前墙图样冻结，如图 5-35 所示。

（8）在前视图中结合捕捉工具绘制矩形，如图 5-36、图 5-37 所示。

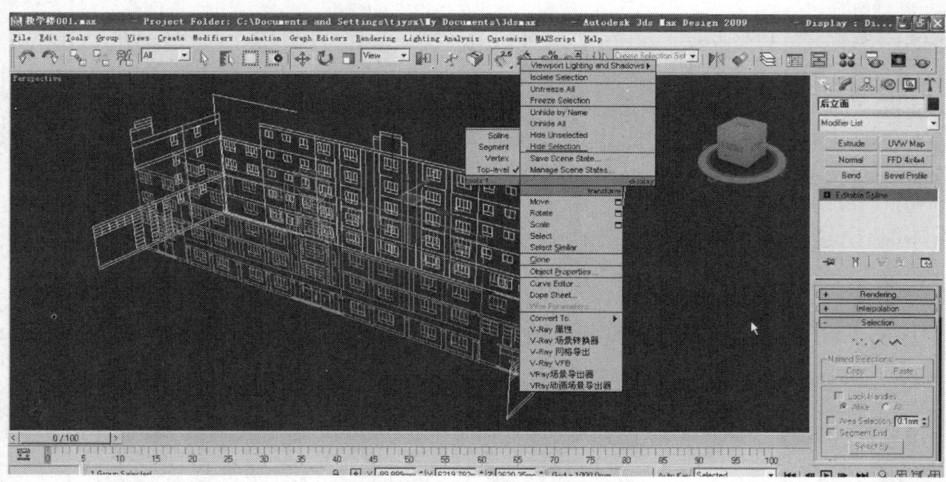

图 5-34　隐藏选中对象

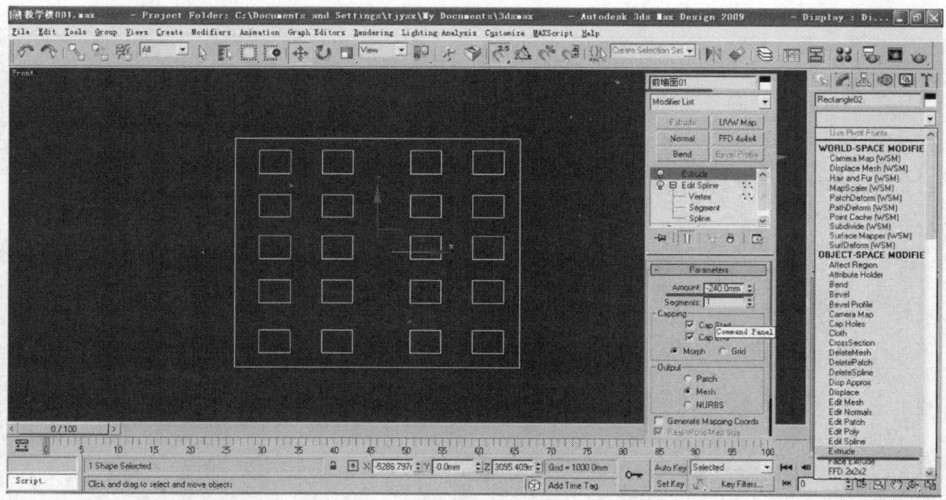

图 5-35

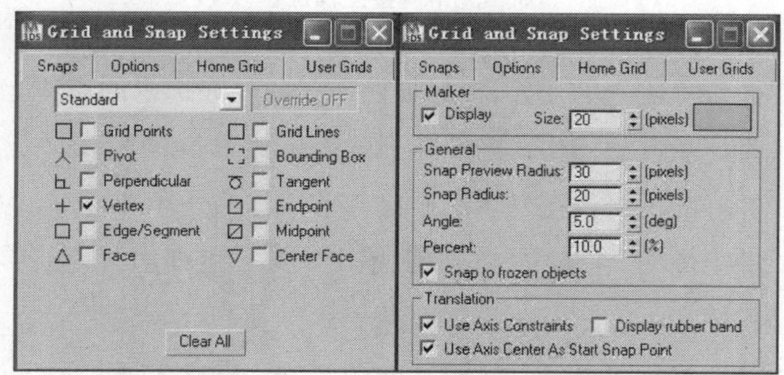


图 5-36　捕捉参数的设置

（9）选择最大的一个矩形，添加“Edit Spline”可编辑样条线修改器，如图 5-38 所示。

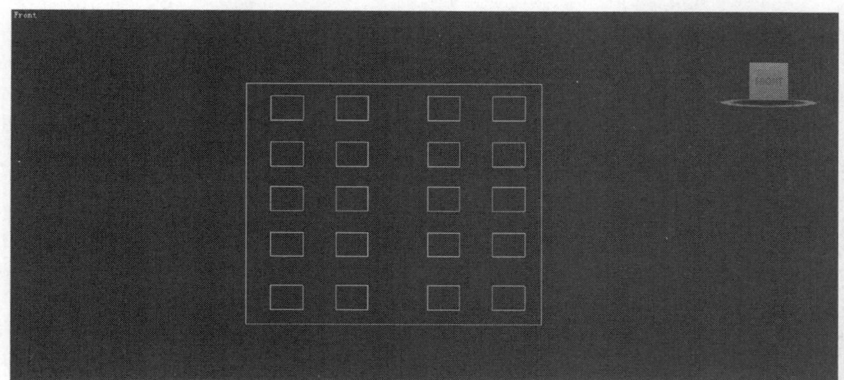


图 5-37 绘制矩形

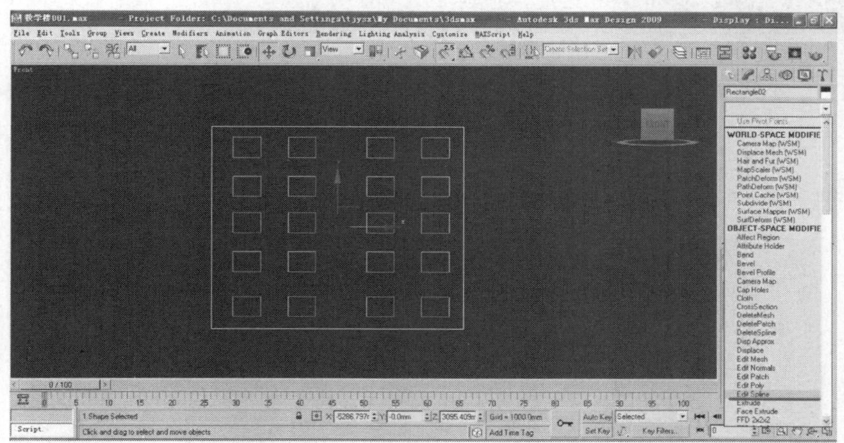


图 5-38 选中矩形添加修改器

（10）附加多个创建的矩形，单击 Attach 按钮即可将选中的矩形附加到一起,如图 5-39 所示。

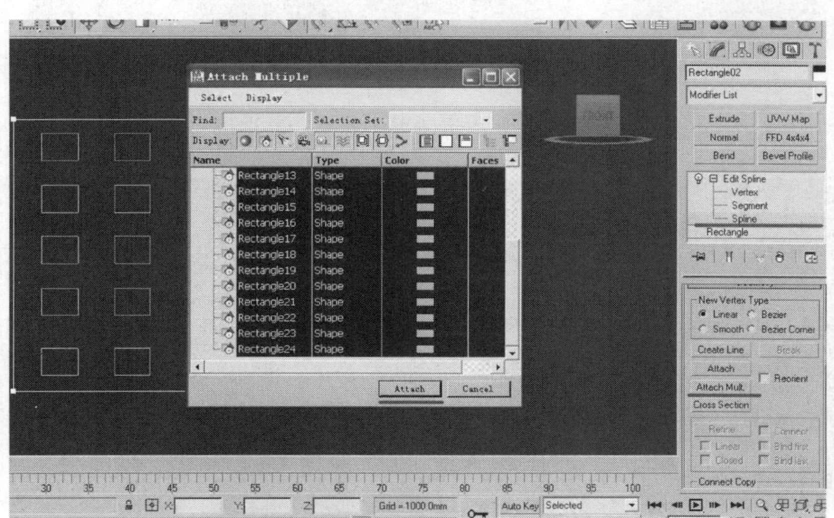


图 5-39 附加多个矩形

（11）为当前矩形添加“Extrude”挤出修改器，具体参数设置如图 5-40 所示。

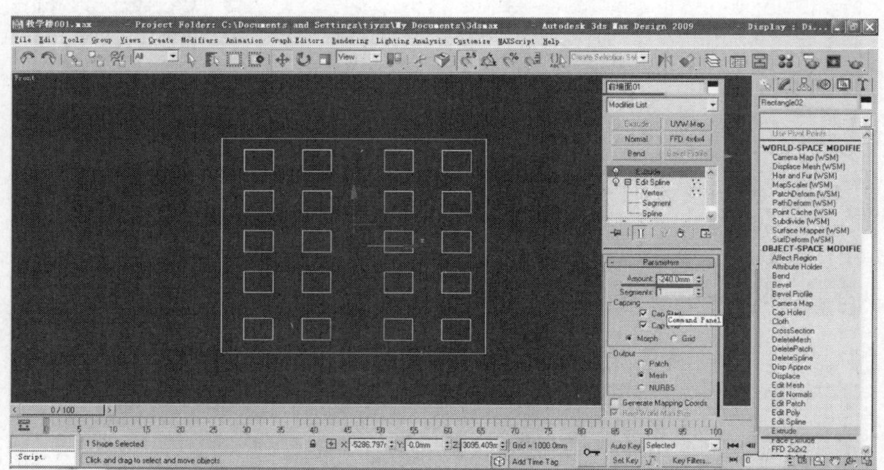

图 5-40　挤出矩形参数设置

（12）在各个视图中的位置和效果如图 5-41 所示。

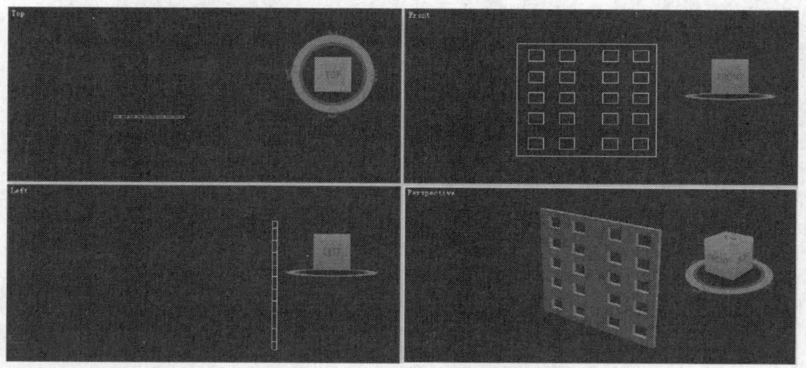

图 5-41　挤出后效果

（13）选中“前墙面 01”文件复制为“前墙面 02”文件并调整点的位置，如图 5-42 所示。

图 5-42　复制并调整点的位置

（14）在前视图中结合捕捉工具绘制矩形，并将当前所有矩形附加，如图 5-43 所示。

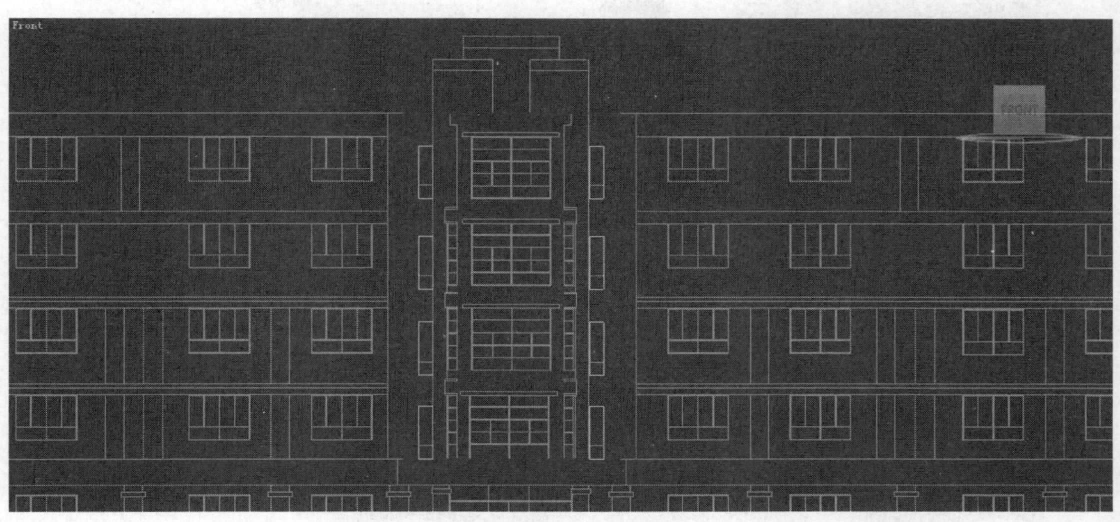

图 5-43　绘制矩形

（15）绘制“前墙面 03”参数值设置，如图 5-44 所示。

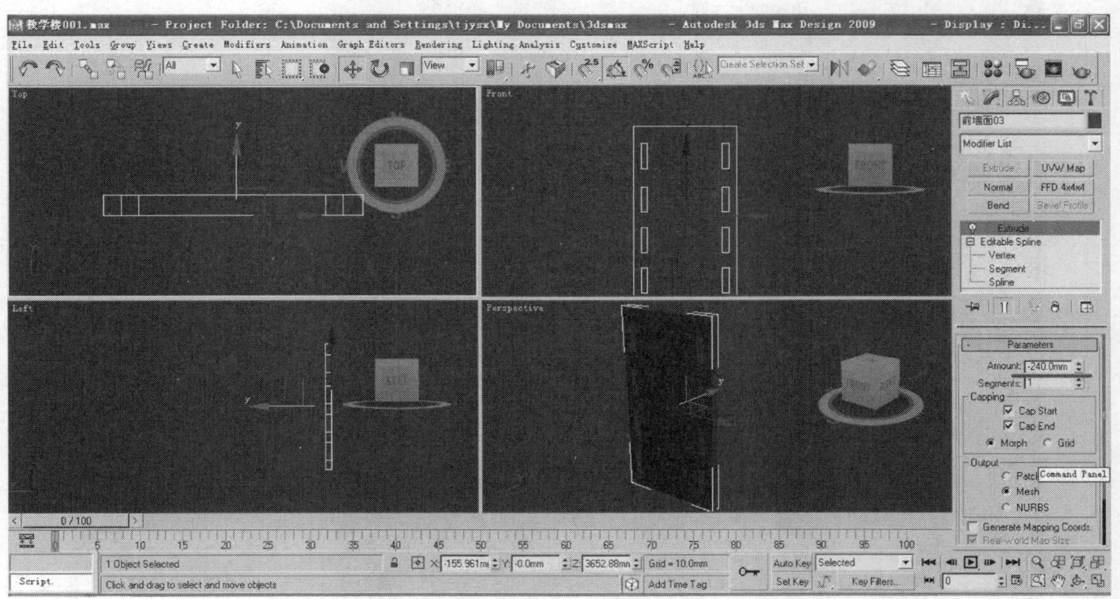

图 5-44　挤出后的墙体

（16）绘制矩形并复制，如图 5-45 所示；挤出后命名为“前墙面 04”、“前墙面 05”，如图 5-46 所示。

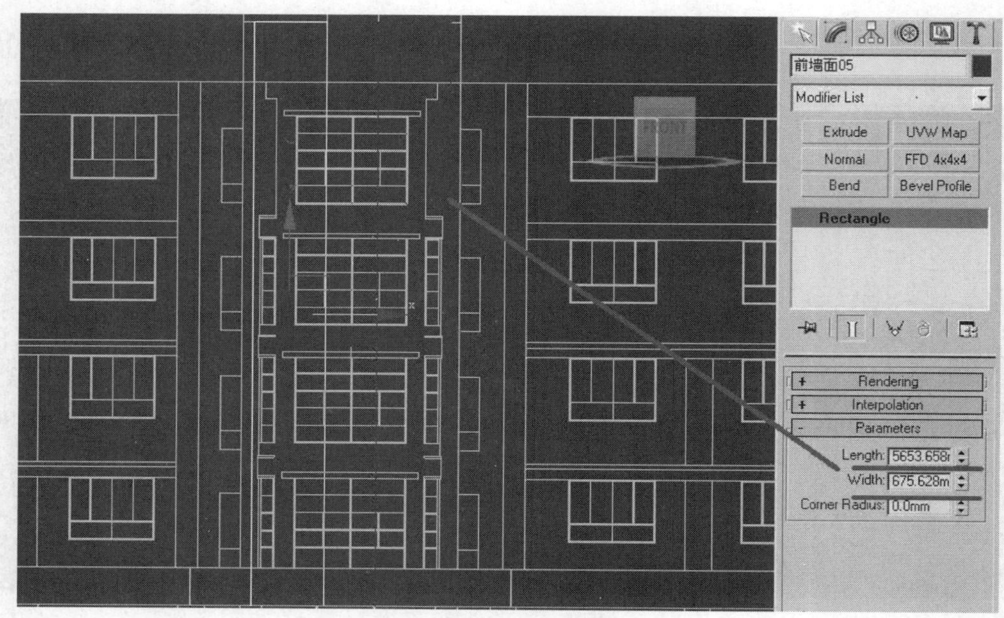


图 5-45　绘制并复制矩形

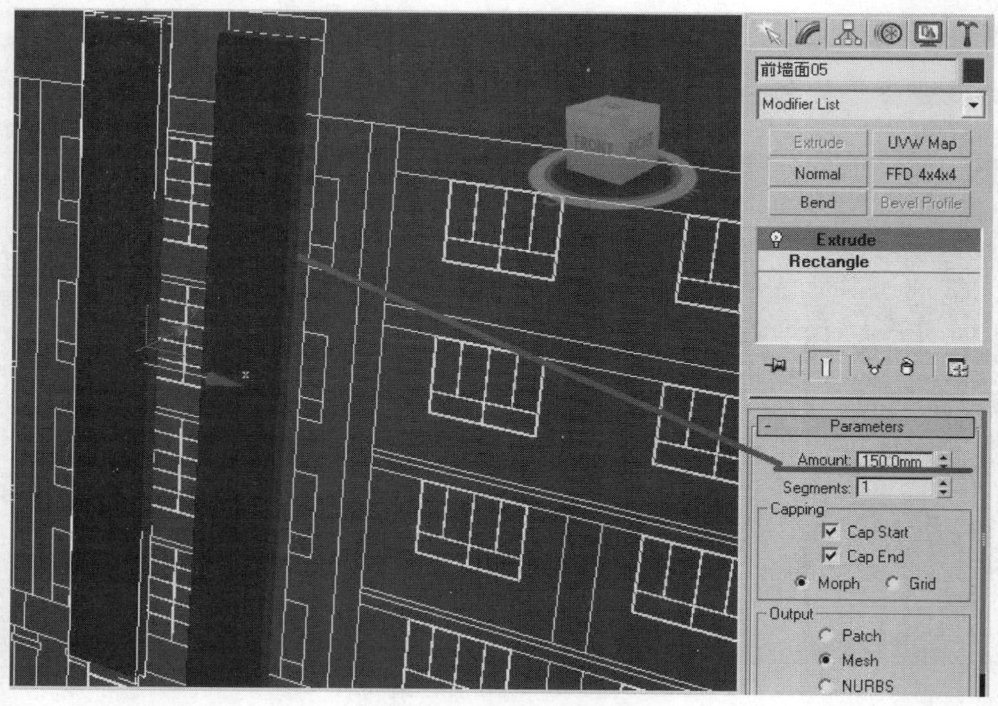


图 5-46　挤出后并命名

（17）结合捕捉工具绘制 2 个矩形，如图 5-47 所示；并转换为可编辑的样条线，如图 5-48 所示；调整线段的位置进行“修剪”，如图 5-49 所示。

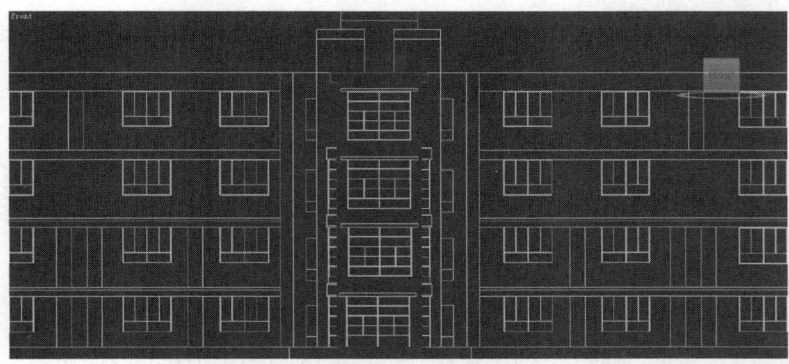


图 5-47　绘制 2 个矩形

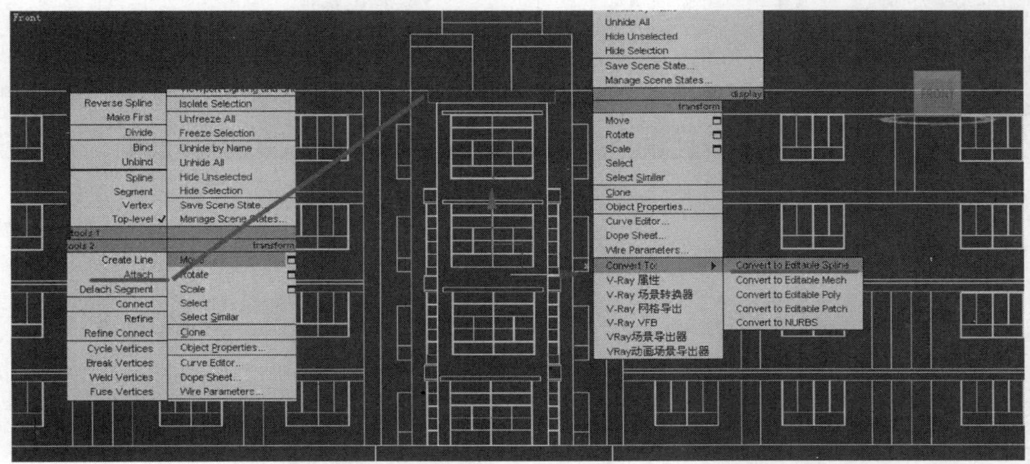


图 5-48　附加矩形

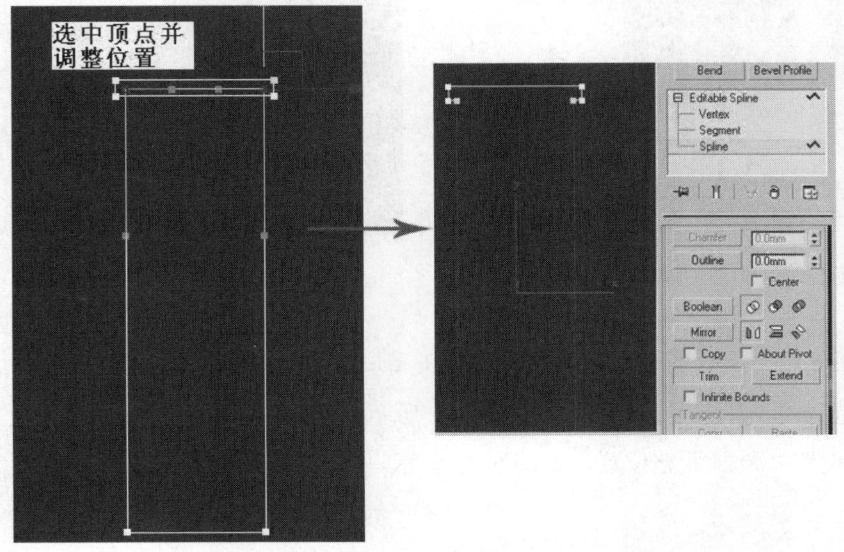


图 5-49　修剪后的形状

（18）结合捕捉工具绘制 4 个矩形，如图 5-50 所示；并将所有图形附加，如图 5-51 所示；选中所有点进行焊接（Weld），如图 5-52 所示；挤出后效果如图 5-53 所示。

图 5-50　创建矩形

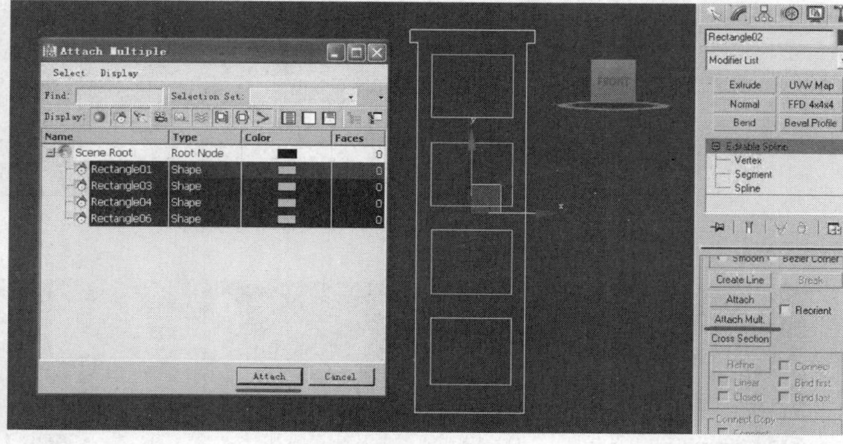

图 5-51　多个矩形附加

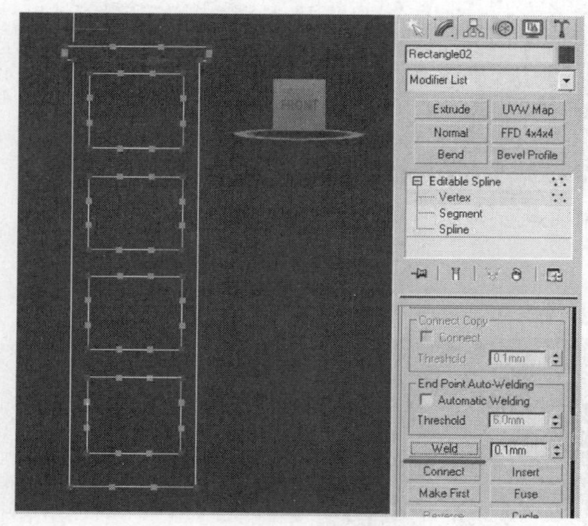

图 5-52　附加后焊接所有点

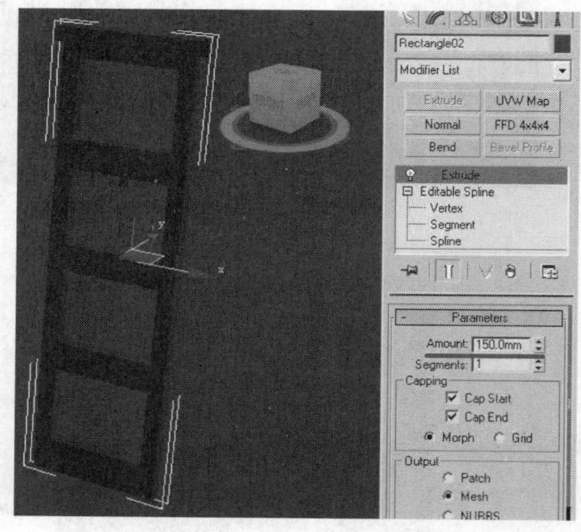

图 5-53　挤出图形

（19）前视图，结合捕捉工具绘制矩形，挤出后效果如图 5-54 所示。

（20）前视图，孤立当前物体，如图 5-55 所示；绘制二维线并进行轮廓设置，如图 5-56 所示；挤出设置并复制调整位置，如图 5-57 所示。

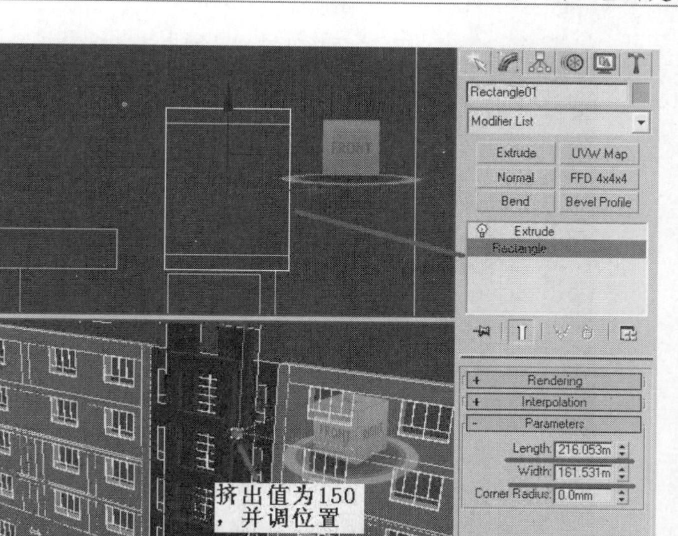


图 5-54　挤出后物体

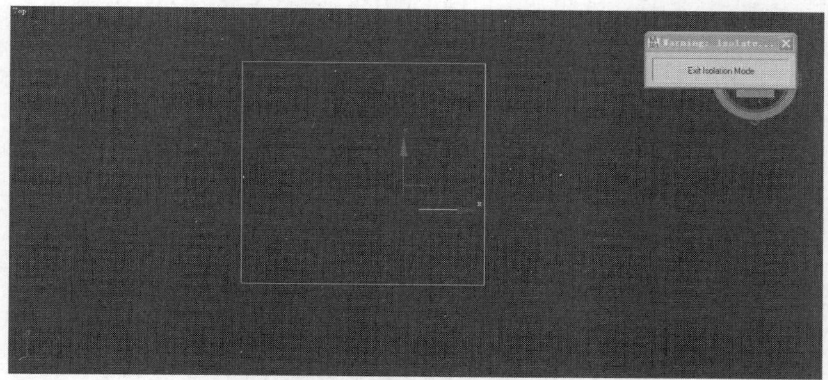


图 5-55　孤立物体

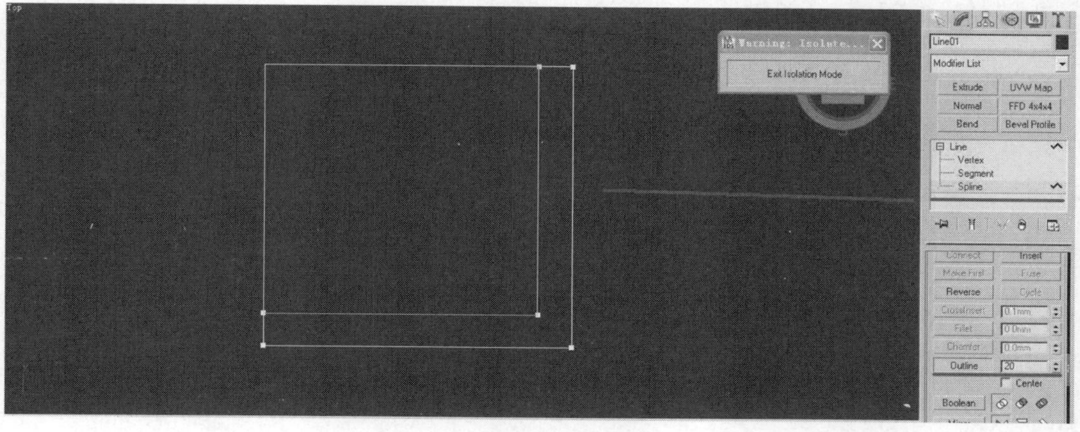


图 5-56　沿边缘线绘制

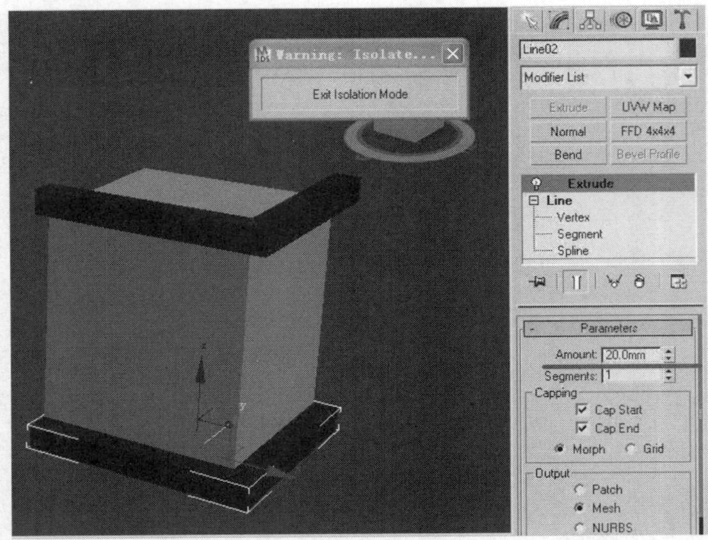


图 5-57　复制后调整位置

（21）加选当前三个物体，成组命名“Group01”，如图 5-58 所示；复制 5 个，调整位置摆放，如图 5-59 所示。

图 5-58　成组命名

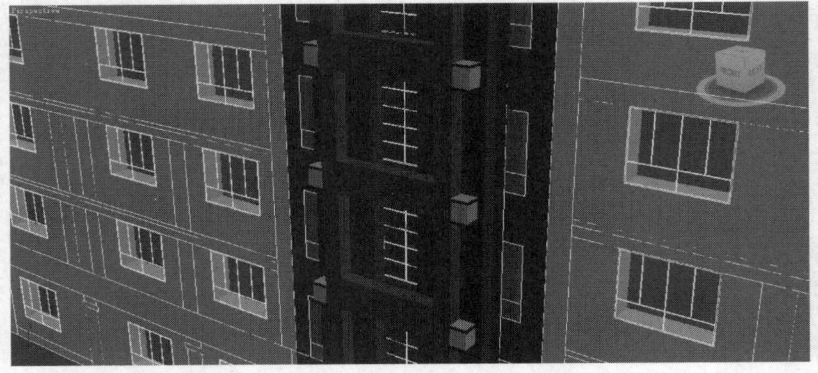

图 5-59　复制后并调整位置

（22）在顶视图绘制矩形并挤出，如图 5-60 所示；命名为“顶部 01”并调整位置。

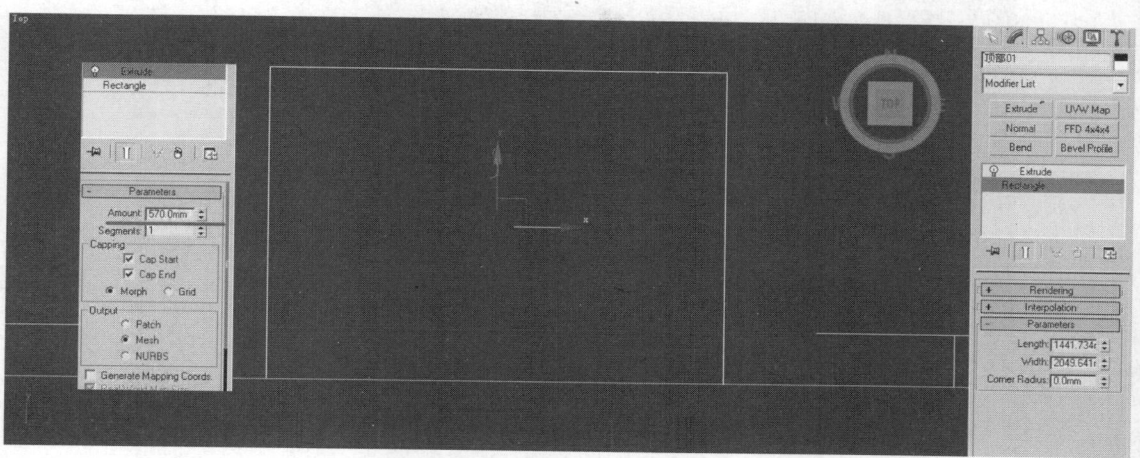


图 5-60　完成楼顶“顶部 01”并调整位置

（23）在顶视图绘制矩形并挤出，如图 5-61 所示；命名为“顶部 02”并调整位置。

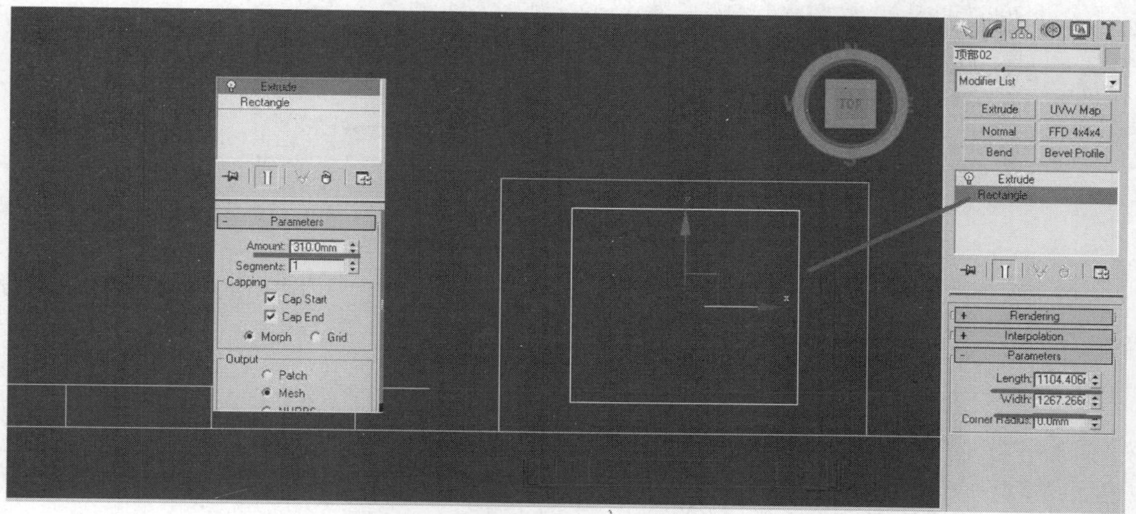


图 5-61　完成楼顶“顶部 02”并调整位置

**2. 前楼门的制作**

（1）在前视图，绘制矩形并挤出完成门的墙面创建，再复制、调整位置，如图 5-62 所示。

（2）在前视图，结合捕捉绘制矩形并挤出完成台阶创建，将第一个台阶命名为“台阶 01”如图 5-63 所示。

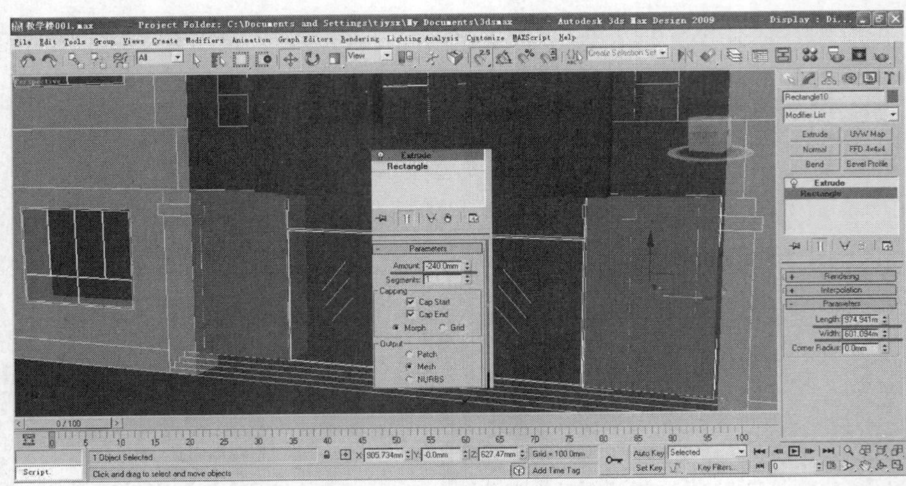

图 5-62　门的墙面创建并调整位置

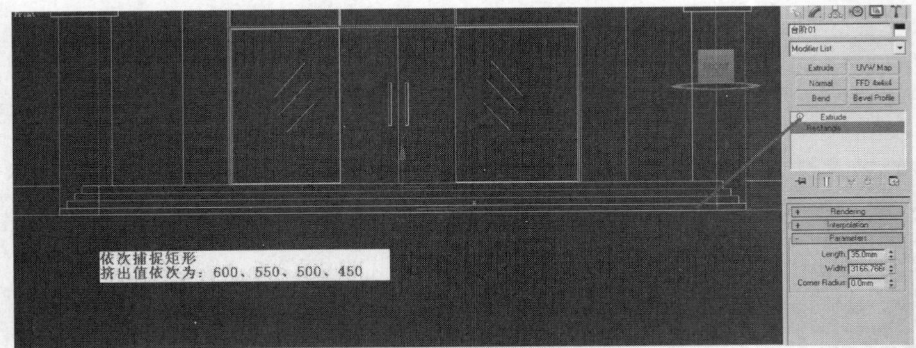


图 5-63　台阶创建

（3）复制“台阶 01”，然后向上移动作为门上方的挡板，并命名为“门上方挡板 01”，如图 5-64 所示。

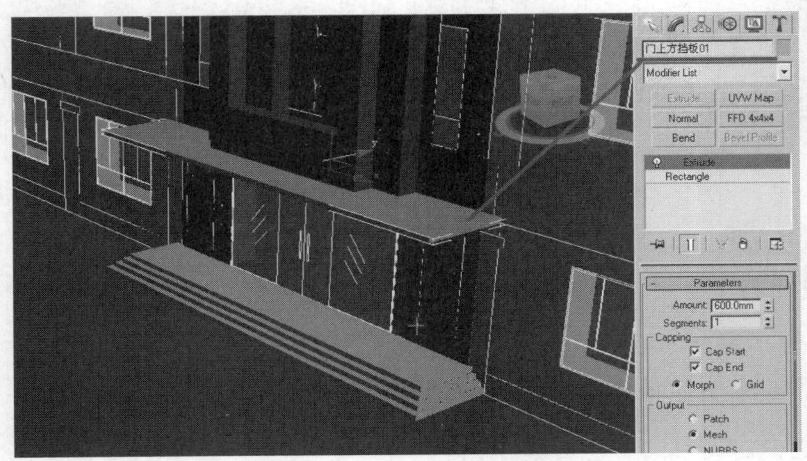


图 5-64　门上方的挡板创建

（4）孤立门上方的挡板“门上方挡板 01”，绘制二维线，如图 5-65 所示；挤出后效果，如图 5-66 所示。

图 5-65　二维线的创建

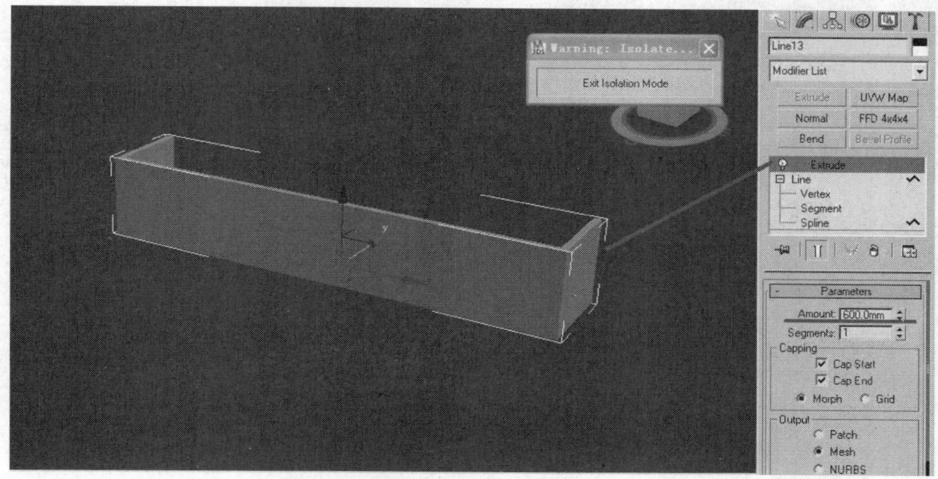


图 5-66　挤出后的效果

（5）在顶视图，绘制二维线，如图 5-67 所示；挤出后效果，如图 5-68 所示。

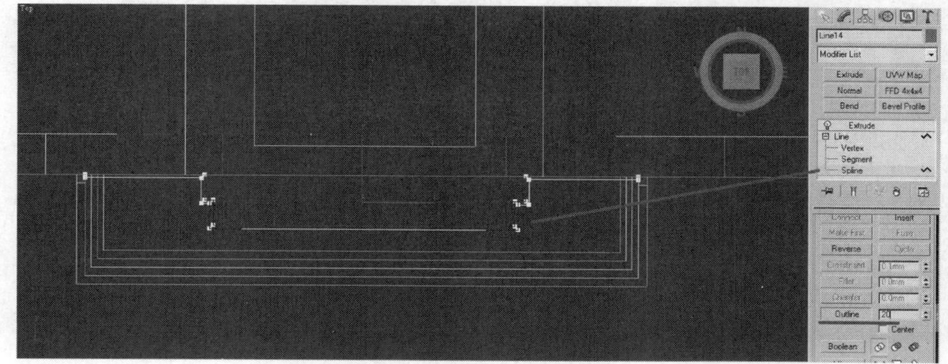


图 5-67　二维线的创建

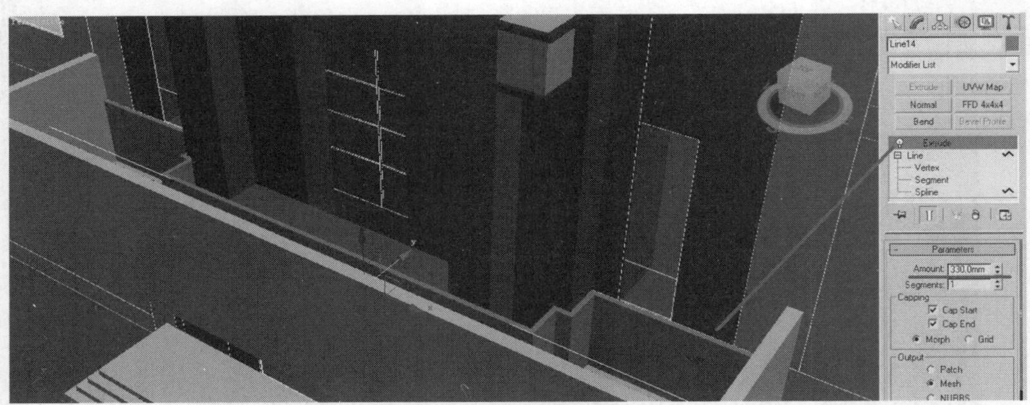


图 5-68 挤出后的效果

（6）在前视图，选择“前立面 1”隐藏其他对象，结合捕捉绘制矩形，如图 5-69 所示。

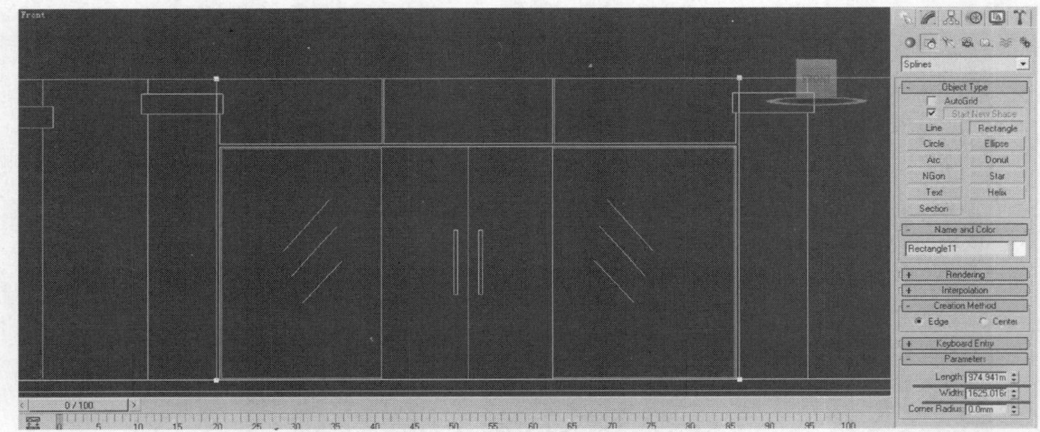


图 5-69 结合捕捉绘制矩形

（7）孤立当前矩形，转换成可编辑样条线，进行轮廓 10，如图 5-70 所示。

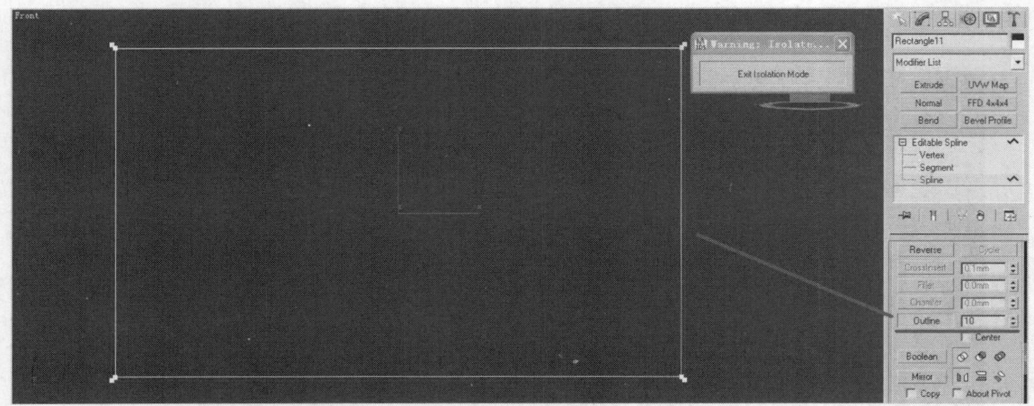


图 5-70 编辑样条线

（8）绘制三个矩形，如图 5-71 所示。

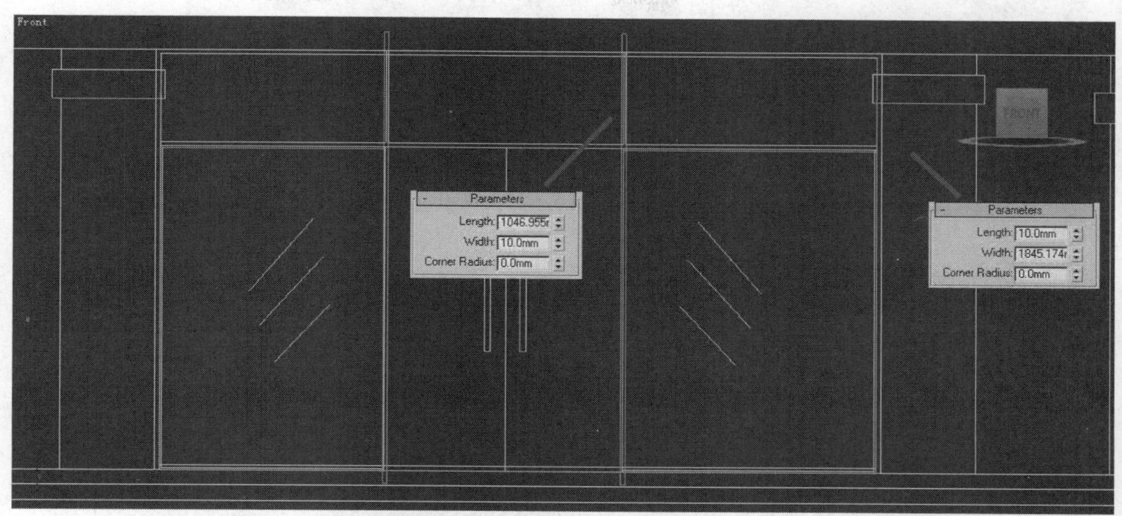


图 5-71　创建矩形的大小及位置

（9）按名称选择当前创建的四个矩 op 形，如图 5-72 所示。

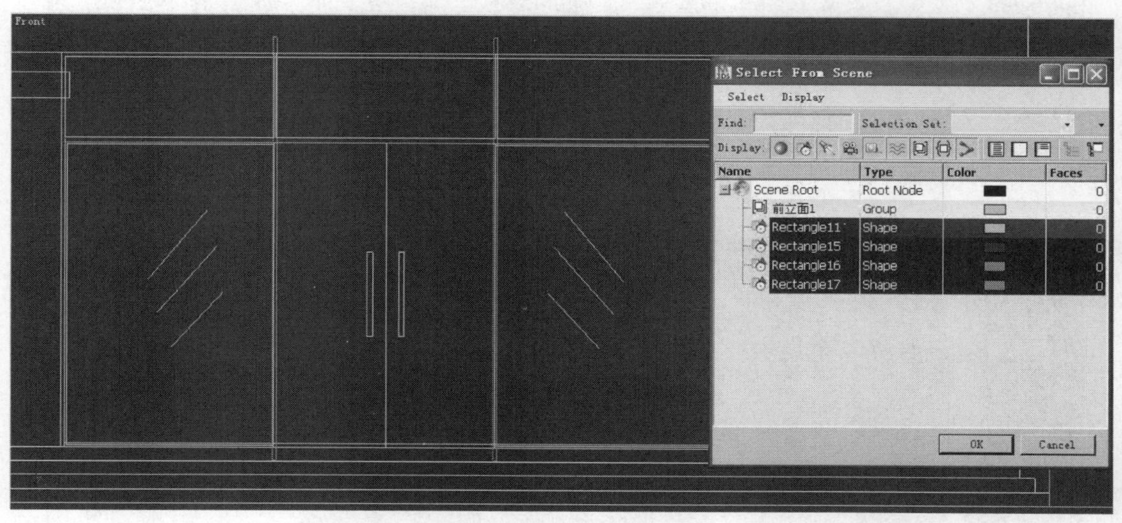


图 5-72　按名称选择

（10）孤立当前选择的图形，进行附加并“修剪（Trim）”图形，“修剪”后的图形要对所有的点进行“焊接”，挤出 100，命名为“门框 01”如图 5-73～图 5-75 所示。

图 5-73　附加多个图形

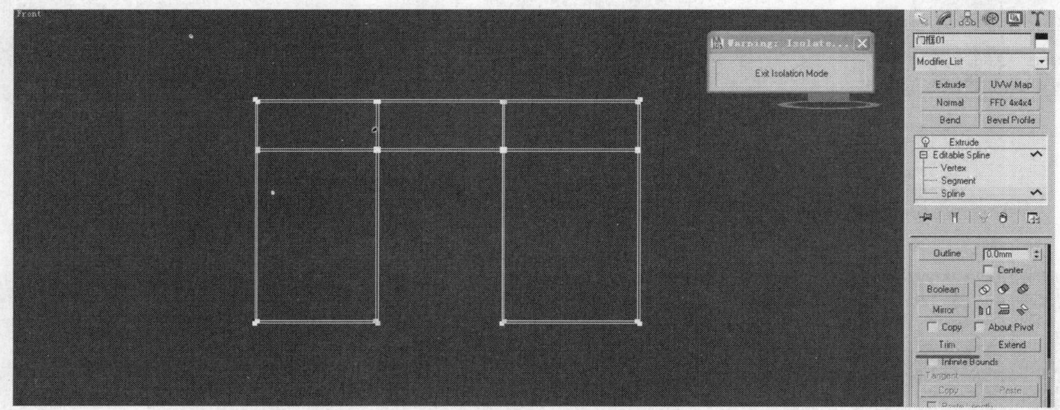

图 5-74 “修剪”图形

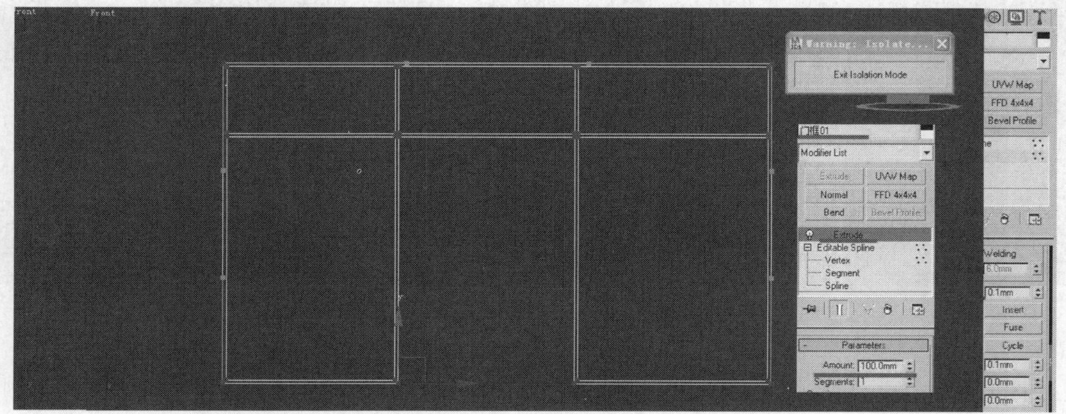

图 5-75　焊接点后挤出命名

（11）绘制矩形，挤出 10，命名为“门玻璃 01”，调整位置放置在如图 5-76 所示。

（12）绘制矩形，挤出 10，命名为“门玻璃 01”，调整位置，放置在如图 5-77 所示的位置。

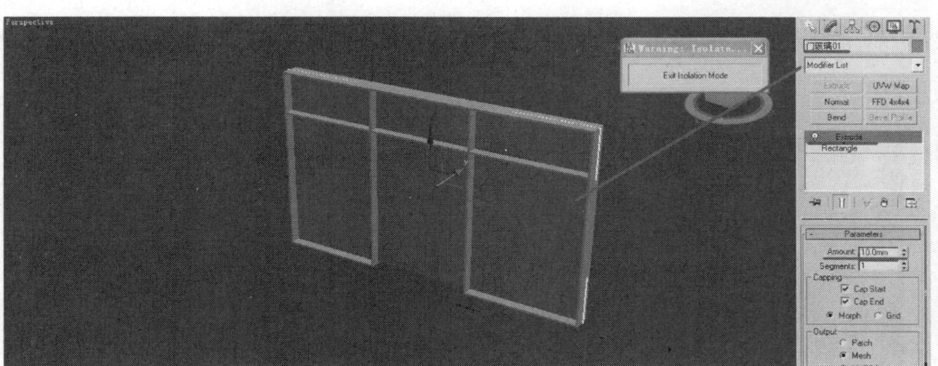

图 5-76　创建门玻璃

图 5-77

**3. 墙柱的创建**

（1）在前视图，绘制矩形，挤出 50，调整位置放置在如图 5-78 所示。

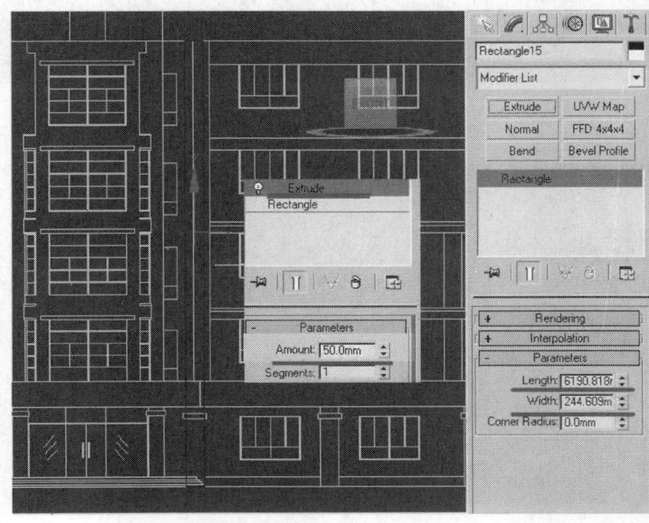

图 5-78　创建矩形并挤出

（2）在顶视图，结合捕捉沿着上个图形绘制矩形，挤出 200，调整位置放置，如图 5-79、图 5-80 所示。

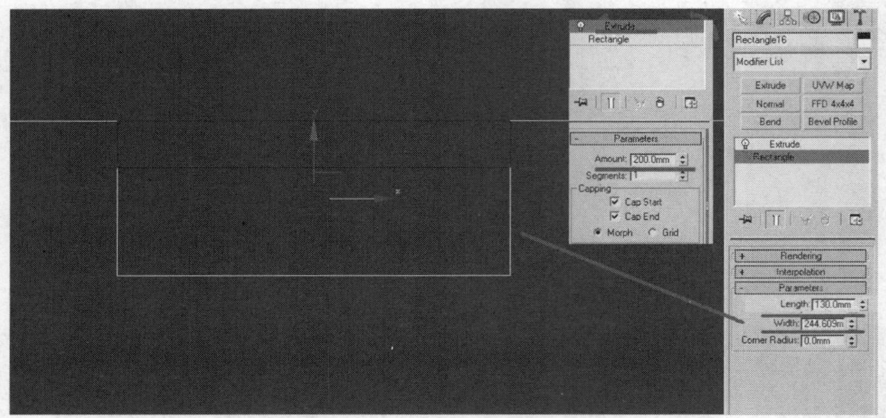


图 5-79　创建矩形并挤出

（3）复制步骤（2）制作的图形，进行孤立显示。删除“挤出修改器”，转换成可编辑样条线，移动所选择的点，挤出，并调整位置，如图 5-81、图 5-82 所示。

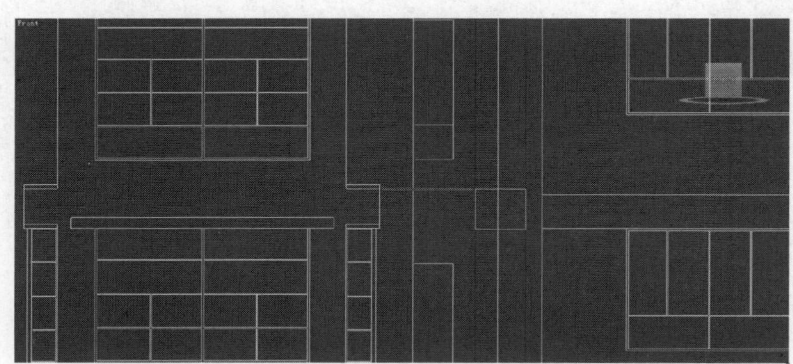


图 5-80　调整位置

图 5-81　调整点的位置

图 5-82　挤出后调整位置

（4）在顶视图，绘制二维线，经过“轮廓”、“挤出”，调整位置，如图 5-83、图 5-84 所示。

图 5-83　创建二维线

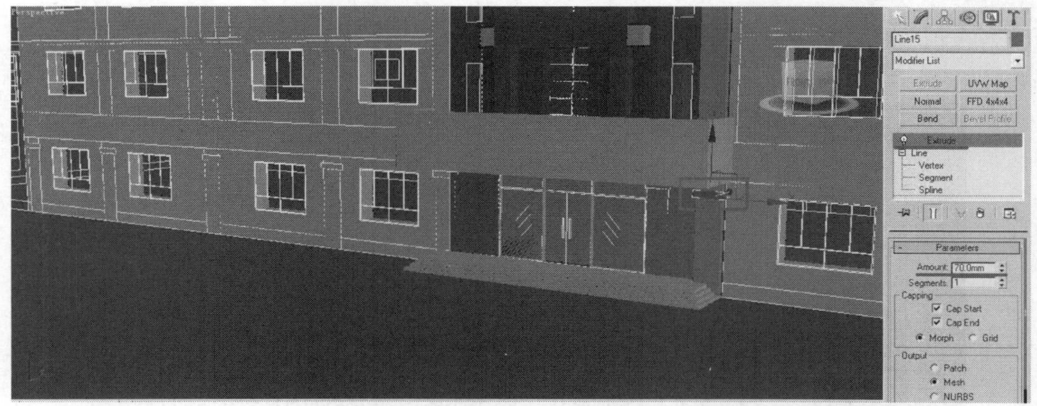

图 5-84　挤出后调整位置

（5）复制步骤（4）所绘制图形，修改“挤出”值，调整位置如图 5-85 所示。

图 5-85　复制后调整位置

（6）选择步骤（1）～步骤（4）图形，成组命名为“柱子 01”，如图 5-86 所示。

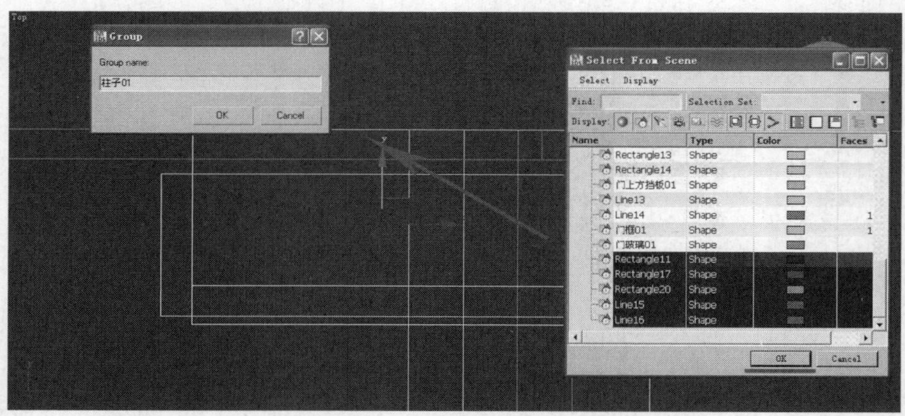

图 5-86　成组后命名

（7）复制“柱子 01”，移动到门的左侧。

（8）在前视图，绘制“矩形”，然后“挤出”100 并调整位置，如图 5-87 所示。

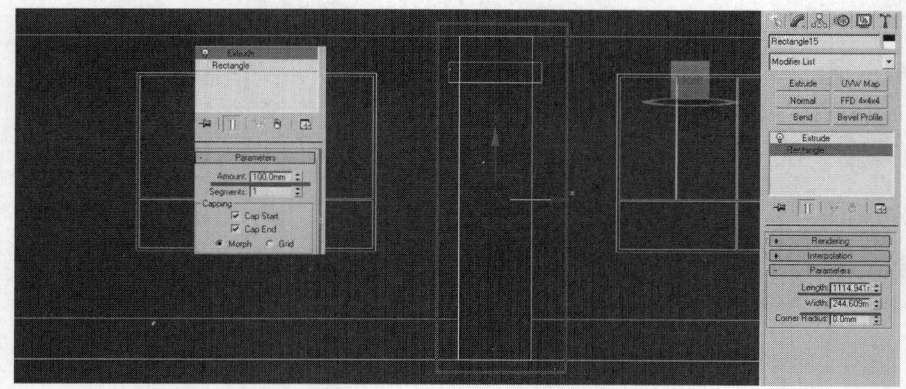

图 5-87　绘制矩形并挤出

（9）在顶视图，绘制“二维线”→“轮廓”输入值为–30，“挤出”输入值为 70→调整位置，如图 5-88、图 5-89 所示。

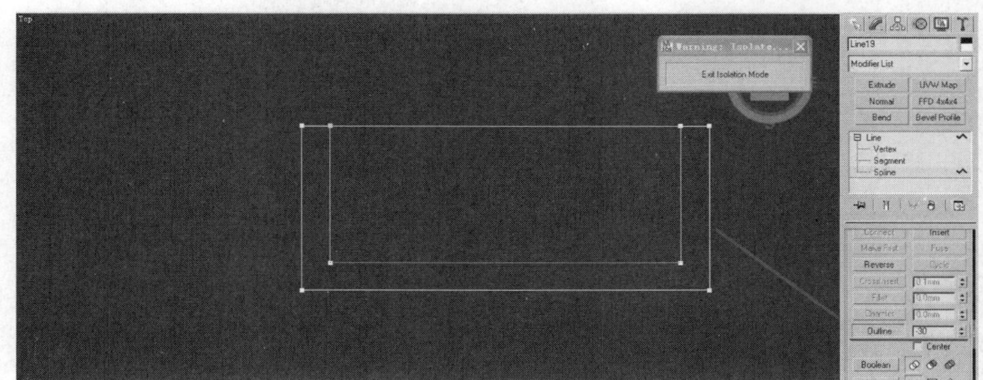


图 5-88　绘制二维线

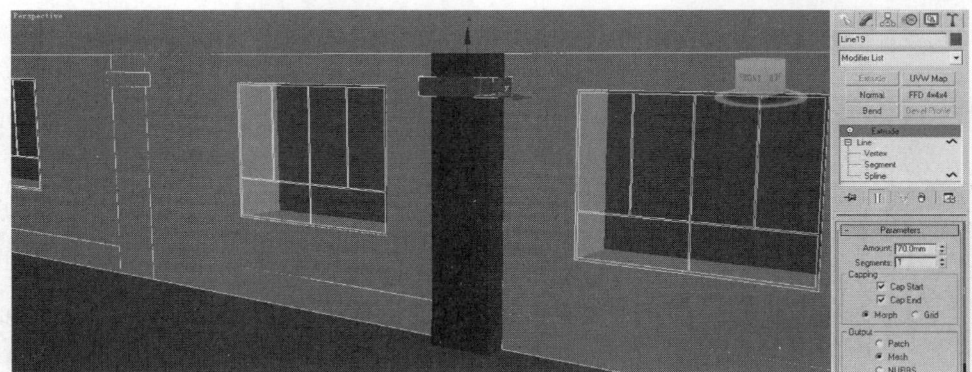


图 5-89　挤出后调整位置

（10）复制步骤（9）图形，修改“挤出”值→调整位置，如图 5-90 所示。

图 5-90　复制后调整位置

（11）选择步骤（8）~步骤（10）的图形，成组命名为“柱子 03”，如图 5-91 所示。

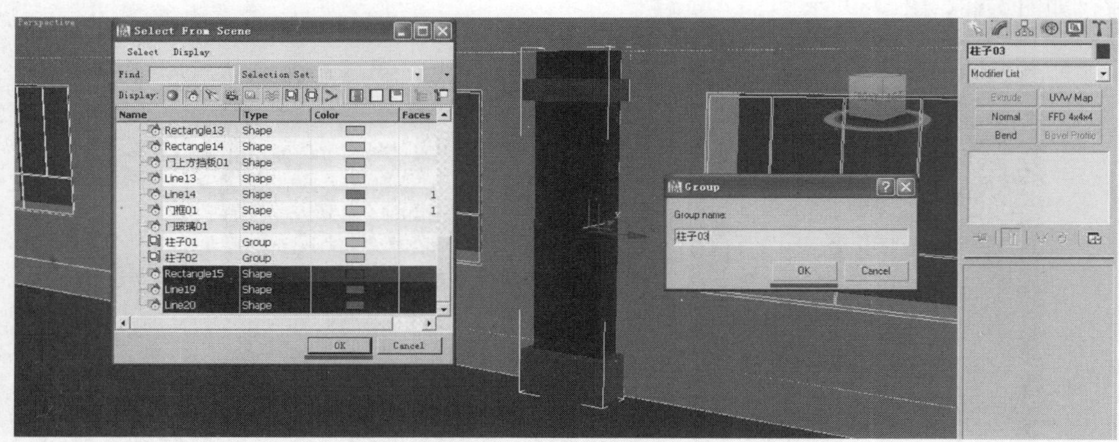


图 5-91　成组“柱子 03”

（12）复制“柱子 03”，完成一层柱子的创建，如图 5-92 所示。

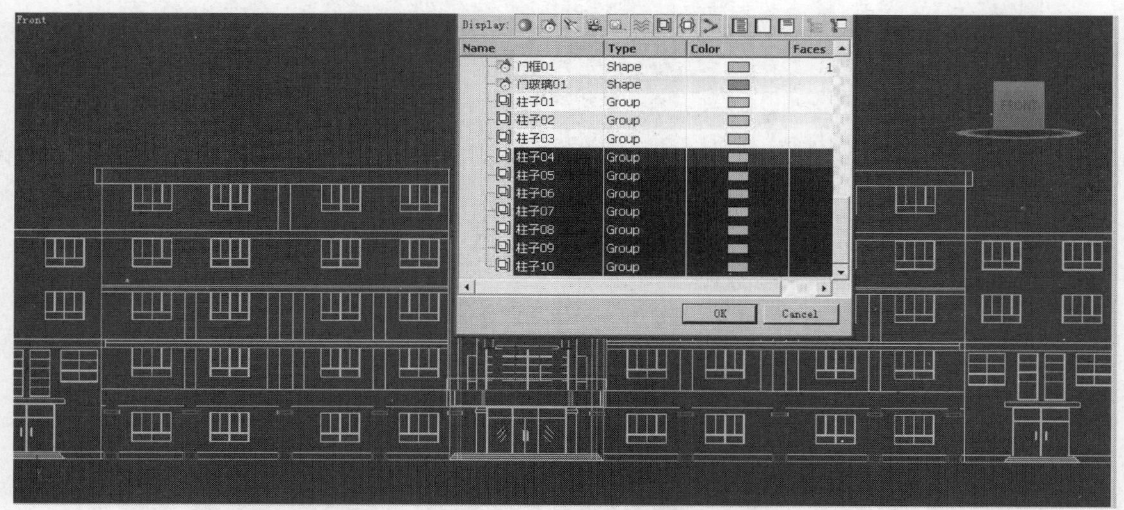


图 5-92　一层柱子的创建

（13）其他楼层外延柱子的创建方法就不再介绍。

**4. 装饰线的创建**

（1）选择“Line13”并进入“孤立模式”，如图 5-93 所示。

（2）创建 3 个矩形，转换成“可编辑的样条线”，然后“修剪”，再进行“焊接”所有顶点，“挤出”后调整位置，如图 5-94~图 5-97 所示。

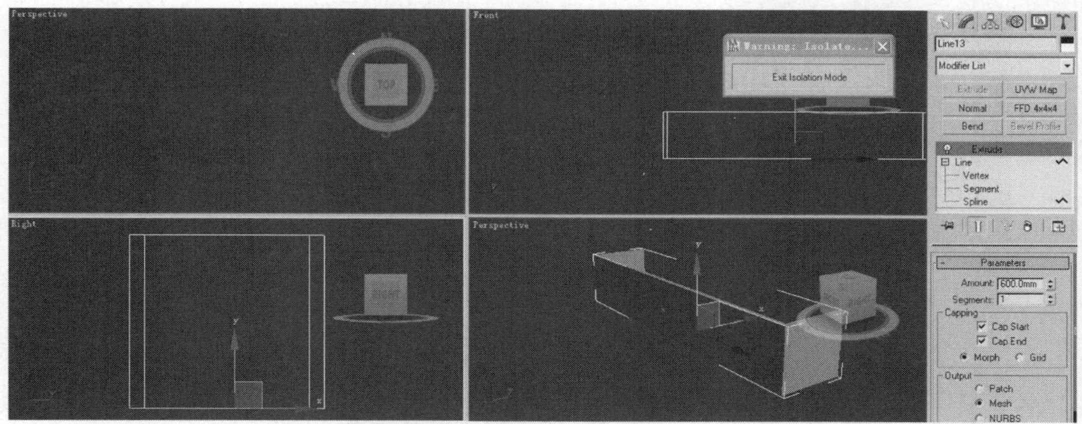


图 5-93　进入“孤立模式”

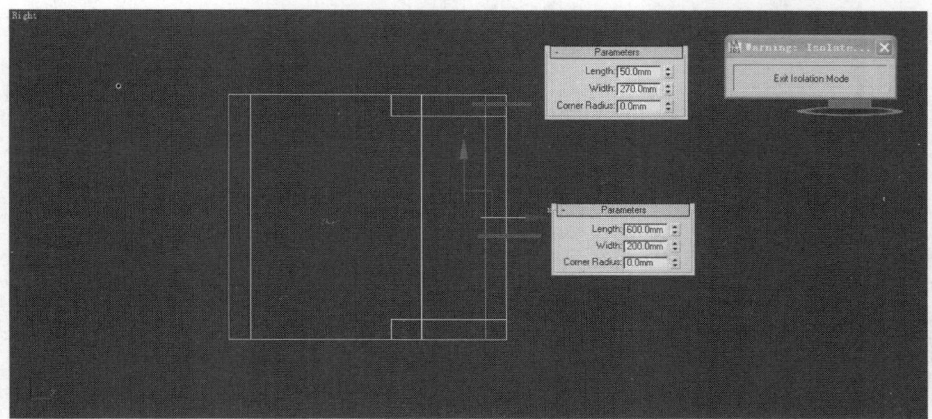


图 5-94　创建矩形

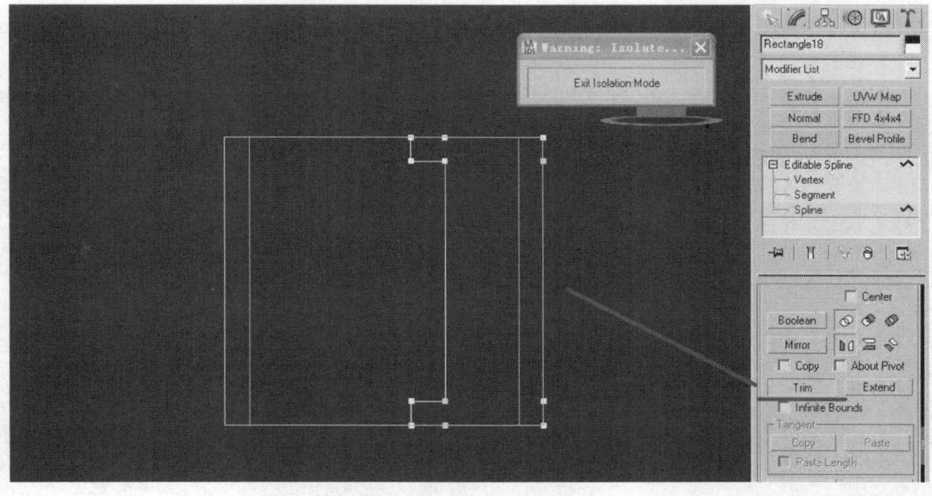


图 5-95　修剪样条线

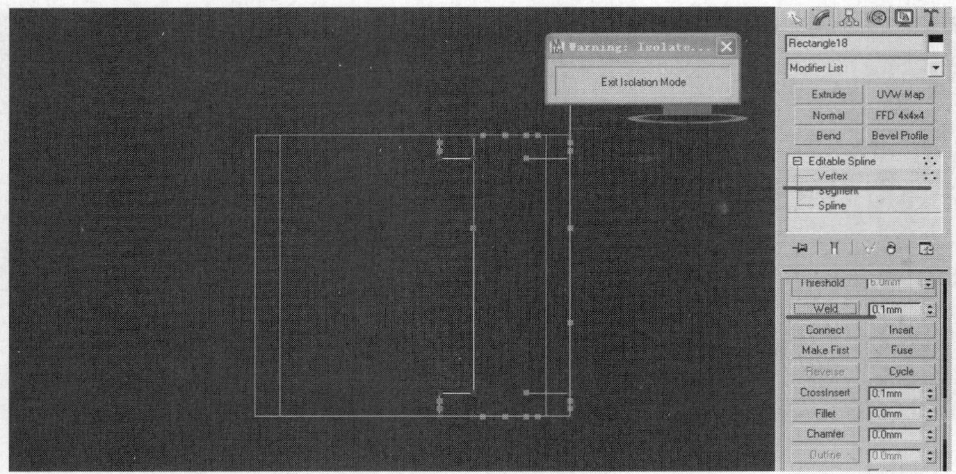


图 5-96　焊接顶点

图 5-97　挤出后调整位置

（3）创建 3 个矩形，“挤出”值分别为 60，60，80，然后调整位置，如图 5-98、图 5-99 所示。

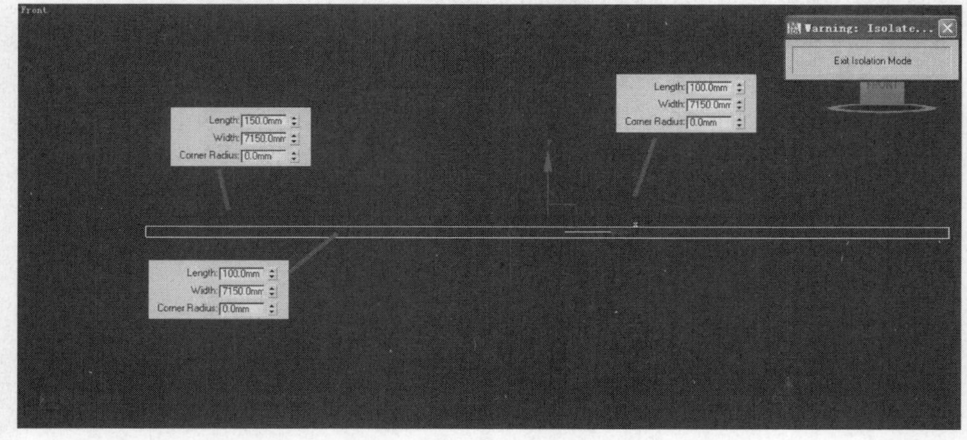


图 5-98　绘制 3 个矩形

图 5-99　挤出后调整位置

（4）其他相同装饰线的造型复制并做适当的调整，如图 5-100 所示。

图 5-100　装饰线的制作

## 四、窗户的创建方法

窗户分为普通教室的窗户、会议室的窗户、实训室的窗户。不过它们的制作方法完全相同。为了节约篇幅，在这里以普通教室的窗户的制作为例，其他窗户的制作做简单介绍。窗户的制作方法很多，本章节在制作其他窗户的时候选用了其他方法制作，可以根据自己的需要选择不同的方法制作。

**1. 普通教室的窗户**

（1）在前视图中绘制矩形并命名为“教室窗样条线 01”——转换为“可编辑样条线”，如图 5-101 所示。

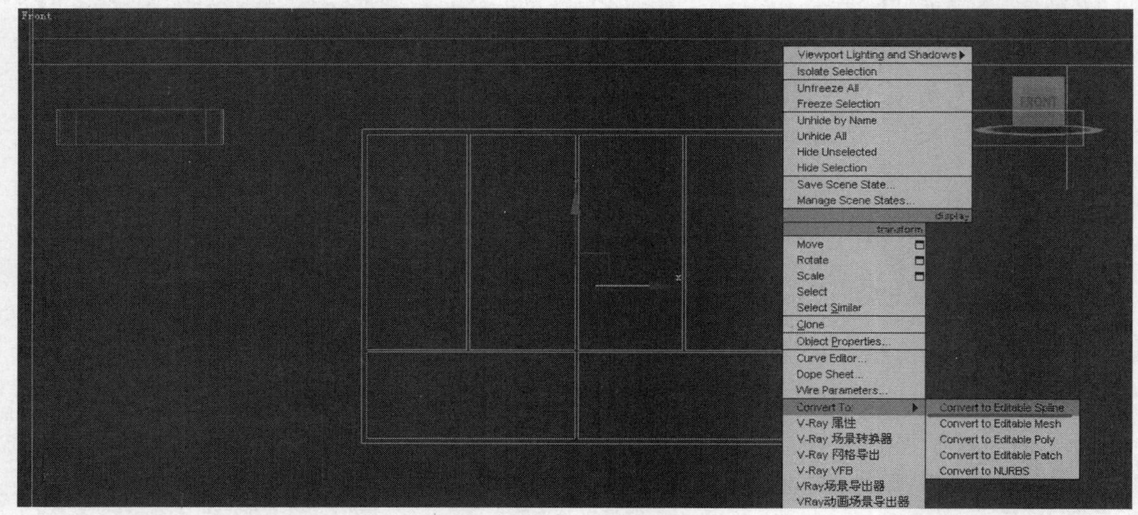


图 5-101　创建矩形

（2）“样条线”级别下创建轮廓，如图 5-102 所示。

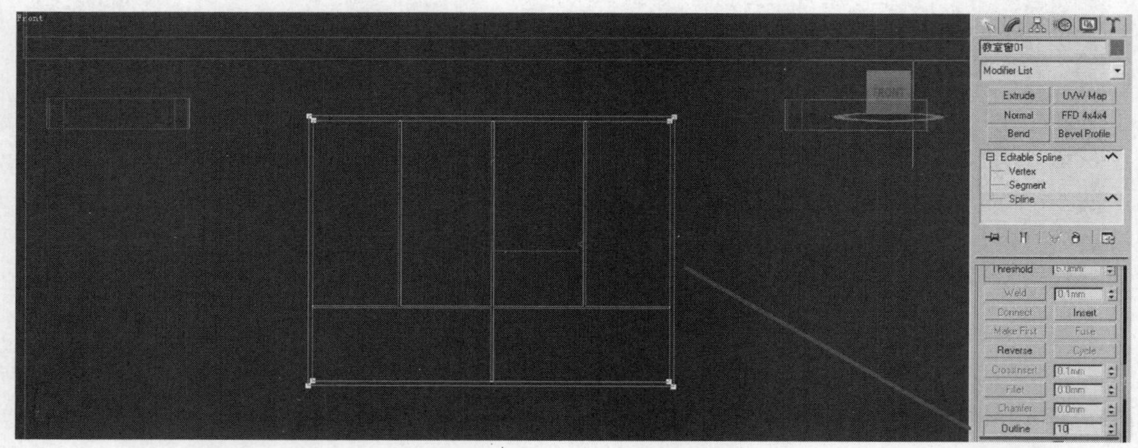


图 5-102　创建轮廓

（3）在前视图中绘制 4 个矩形并分别命名为“教室窗样条线 02”、“教室窗样条线 03”、“教室窗样条线 04”、“教室窗样条线 05”，如图 5-103 所示。

（4）选中所有“教室窗样条线”，进行“挤出”150，如图 5-104 所示。

图 5-103　创建多个矩形

图 5-104　挤出多个矩形

（5）将所有进行“挤出”的“教室窗样条线”成组并命名为“教室窗 01”，再复制多个并调整好位置，在各个视图中的位置，如图 5-105 所示。

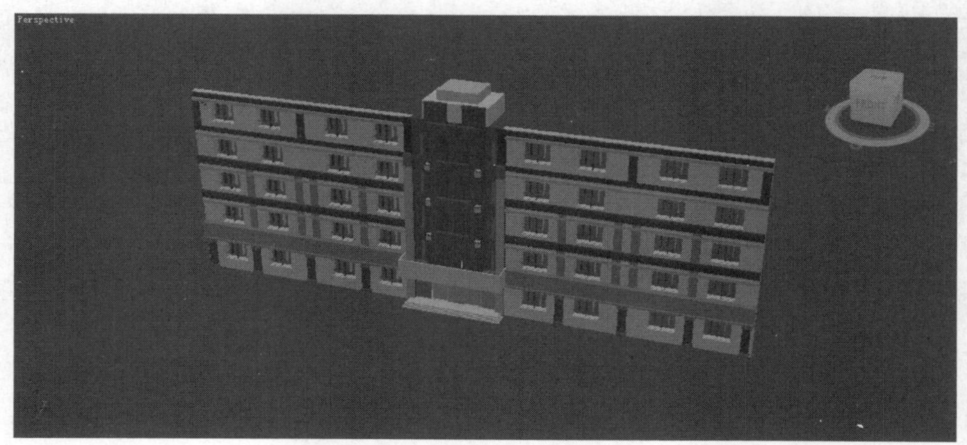


图 5-105　复制多个

（6）在前视图，结合捕捉绘制“矩形”，然后挤出并命名“普通窗玻璃”，如此复制 40 个，调整位置，再成组命名“普通窗玻璃”，完成“普通窗玻璃”的制作，如图 5-106 所示。

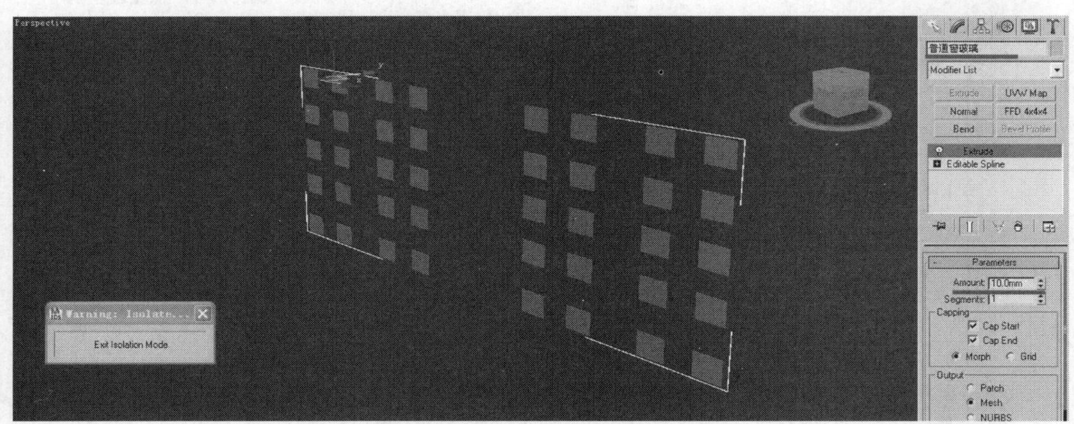


图 5-106　普通窗玻璃的制作效果

**2. 会议室的窗户**

（1）在前视图，结合捕捉创建多个“矩形”，将所创建的矩形附加，“修剪”样条线，“焊接”所有点，“挤出”，命名为“会议室样条线 01”，如图 5-107、图 5-108 所示。

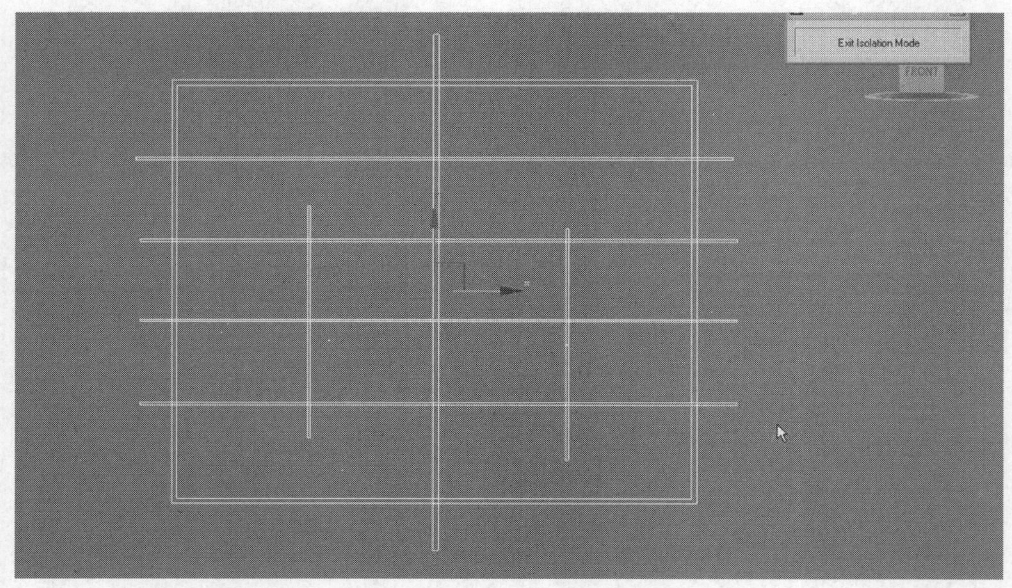


图 5-107　创建多个矩形

（2）选择“会议室样条线 01”，挤出后调整在各个视图中的位置，如图 5-109、图 5-110 所示。

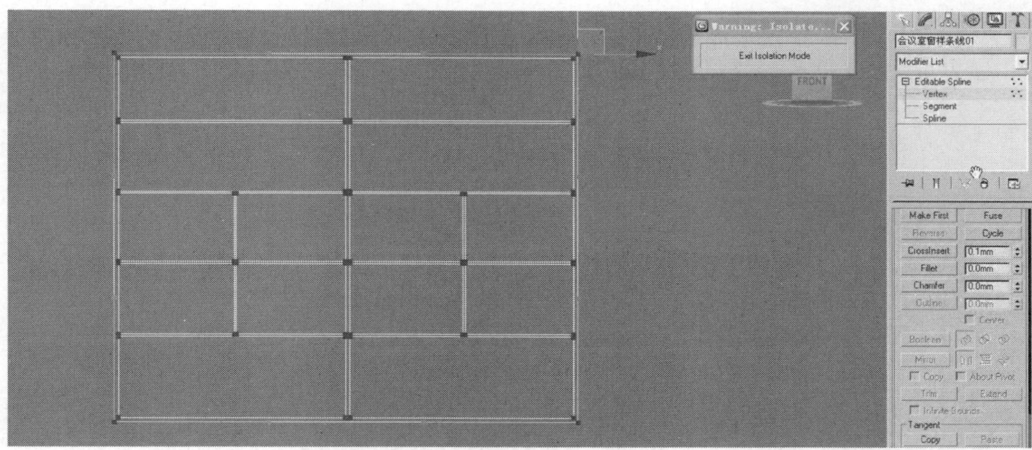

图 5-108　编辑后命名

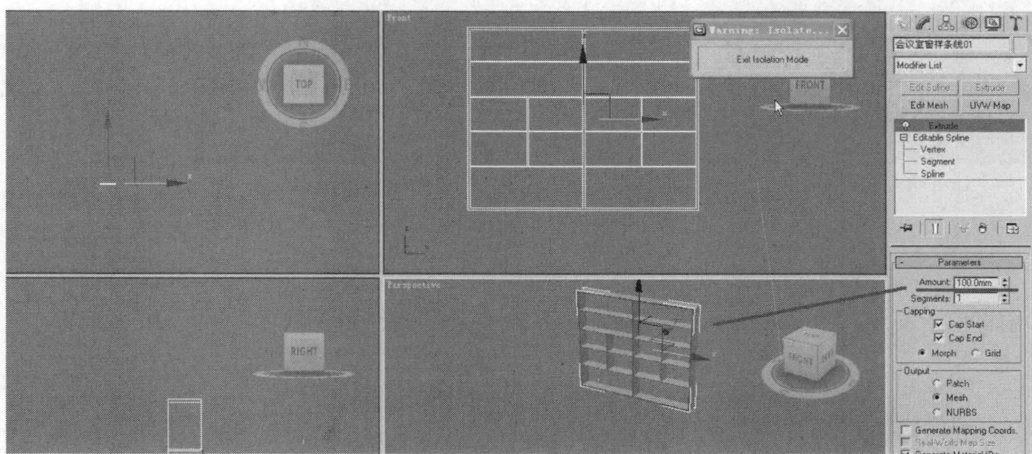

图 5-109　挤出“会议室样条线 01”

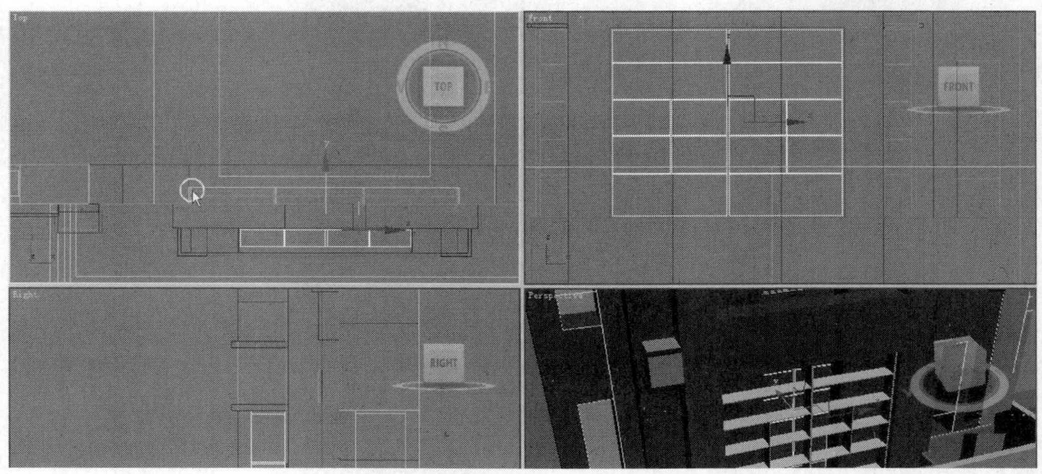

图 5-110　调整“会议室样条线 01”的位置

（3）复制出 3 个“会议室样条线 01”，调整位置后选择“会议室样条线 01”、“会议室样条线 02”、“会议室样条线 03”、“会议室样条线 04”，成组命名为“会议室窗框 01”，如图 5-111 所示。

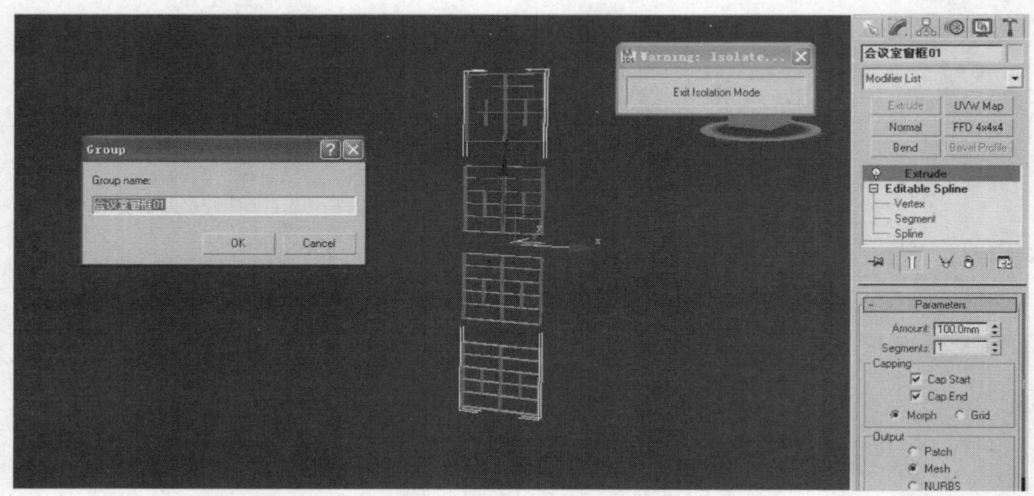


图 5-111 “会议室窗框 01”的创建

（4）孤立“会议室窗框 01”，结合捕捉创建矩形，命名“会议室玻璃 01”，复制 3 个，转换成可编辑样条线，附加多个然后挤出，如图 5-112 所示。

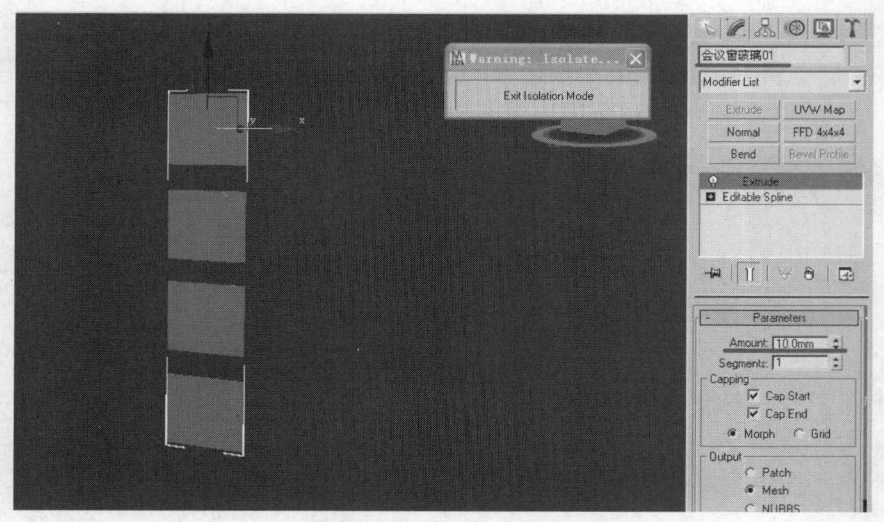


图 5-112 “会议室玻璃 01”的创建

（5）使用同样的方法创建“会议室窗框 02”、“会议室玻璃 02”、“会议室窗框 03”、“会议室玻璃 03”，如图 5-113 所示。

图 5-113　其他窗的创建

## 五、实训室的创建

**1. 实训室侧面的创建**

（1）在右视图中，结合捕捉创建矩形，转换成可编辑样条线，调整点的位置，如图 5-114 所示。

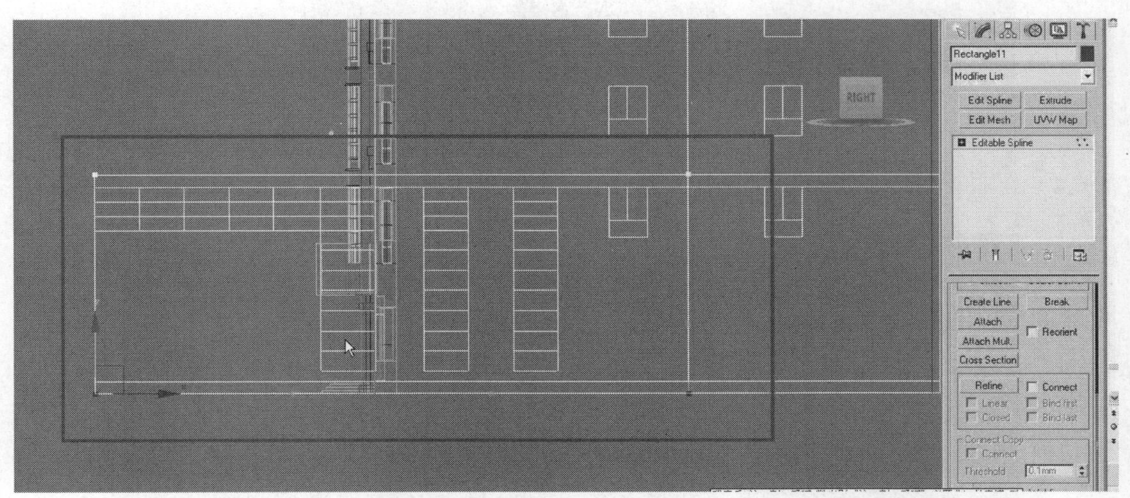

图 5-114　创建矩形

（2）在右视图中，结合捕捉创建二维线（调整点的位置）、创建矩形，如图 5-115 所示。

（3）附加所创建的图形，挤出后命名“实训室侧墙 01”，如图 5-116 所示。

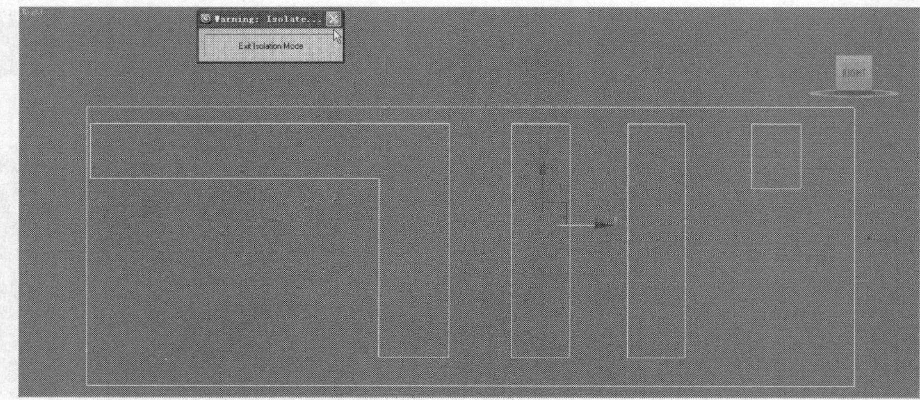


图 5-115　创建其他图形

图 5-116　“实训室侧墙 01”的创建

（4）在右视图中，结合捕捉创建二维线（调整点的位置）、创建矩形，如图 5-117 所示。

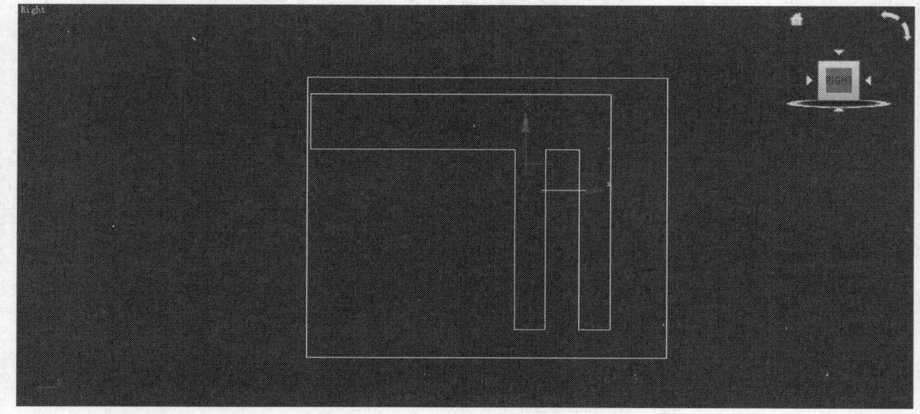


图 5-117　基本图形的创建

（5）附加所创建的图形，挤出后命名“实训室侧墙 02”，如图 5-118 所示。

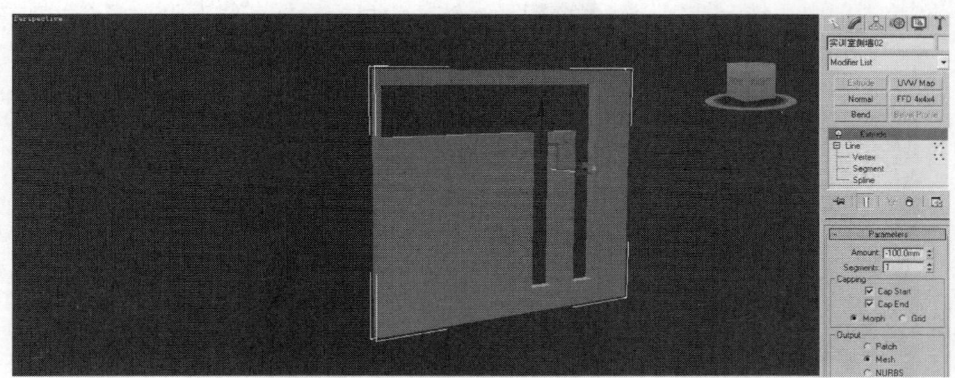


图 5-118　“实训室侧墙 02”的创建

（6）调整“实训室侧墙 01”、“实训室侧墙 02”的位置，如图 5-119 所示。

图 5-119　调整模型的位置

（7）同样方法创建“实训室侧墙 03”并调整位置，如图 5-120 所示。

图 5-120　“实训室侧墙 03”的创建

**2. 实训室正面的创建**

（1）在前视图中，结合捕捉创建多个矩形，转换成可编辑样条线，附加多个，如图 5-121 所示。

图 5-121　绘制多个矩形

（2）选中图形，挤出后命名“实训室前墙 01”，如图 5-122 所示。

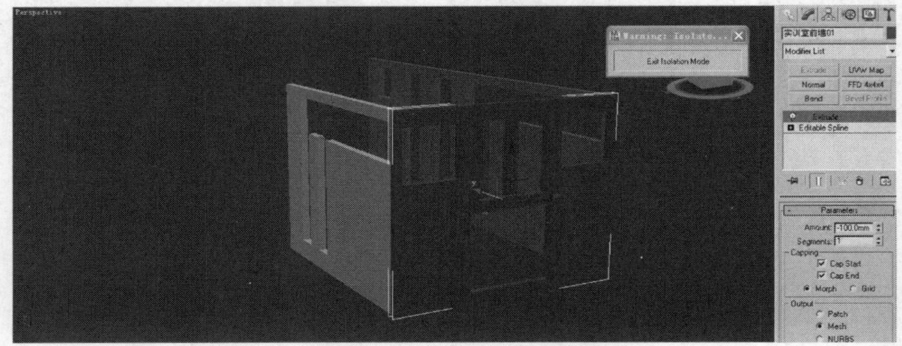

图 5-122　挤出后调整位置

（3）同样方法创建“实训室前墙 02”，如图 5-123 所示。

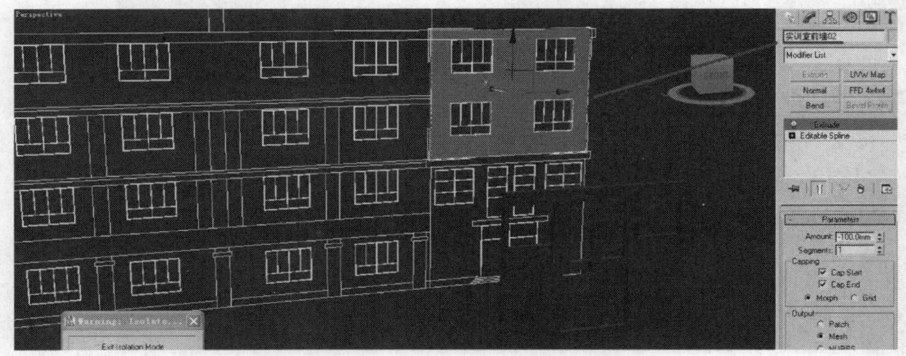

图 5-123　“实训室前墙 02”的创建

**3. 实训室地面、顶面的创建**

在顶视图中，结合捕捉创建矩形，挤出后再复制 1 个，分别命名“地面”、“顶面”，如图 5-124 所示。

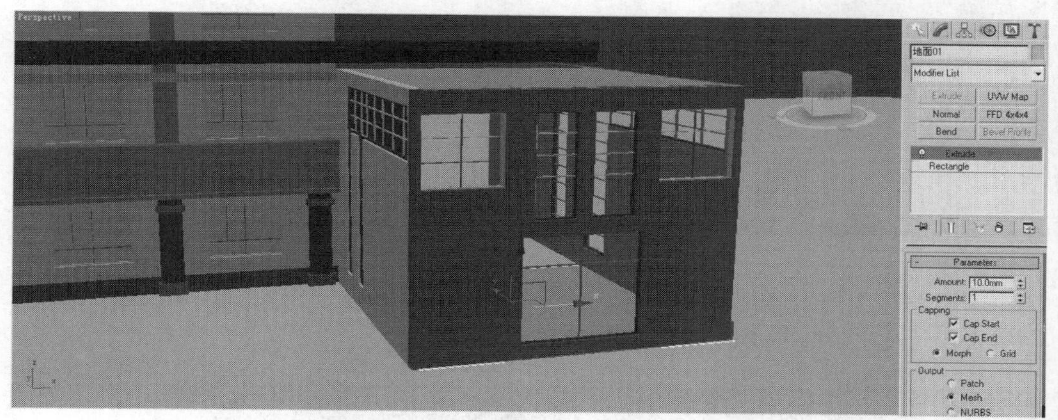


图 5-124　实训室“地面”、“顶面”的创建

将以上创建完的模型，可“镜像”复制到另一侧，如图 5-125 所示。

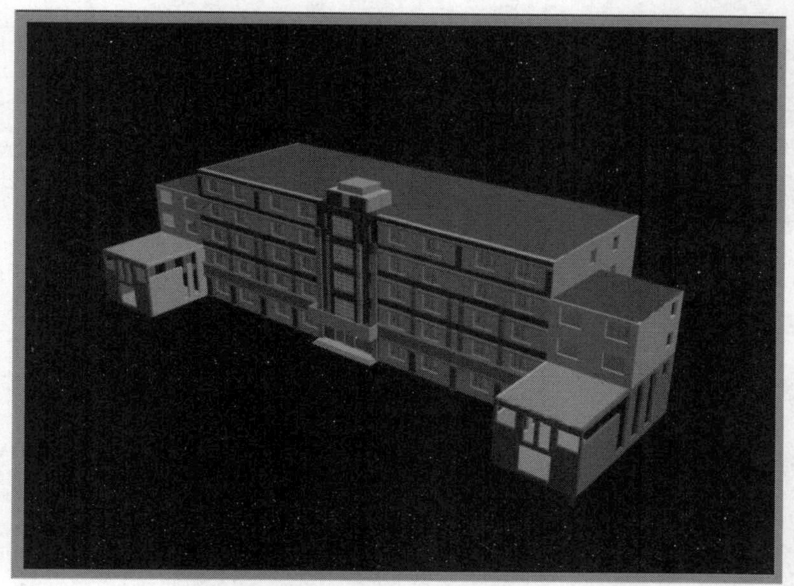

图 5-125　镜像复制后的效果

**4. 实训室窗的创建**

（1）选中“实训室侧墙 01”，复制 1 个，删除“挤出”修改器→选中样条线→分离→命名“实训室窗框 01”，如图 5-126 所示。

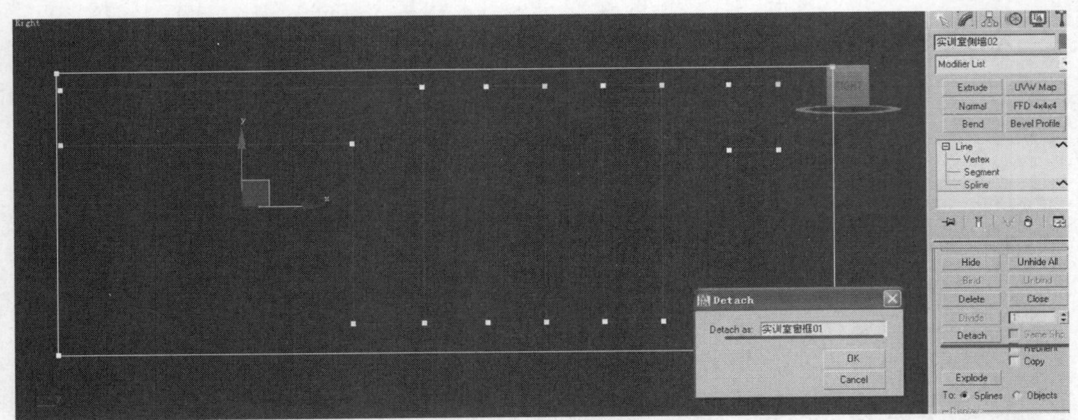

图 5-126 “实训室窗框 01”的创建

（2）选中“实训室窗框 01”，选中所有样条线，并轮廓，如图 5-127 所示。

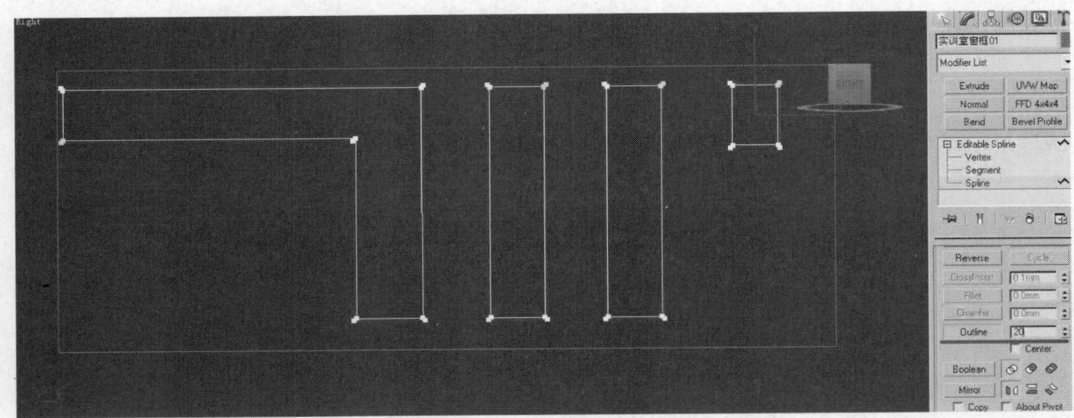

图 5-127 修改轮廓值

（3）挤出后并调整位置，如图 5-128 所示。

图 5-128 挤出后调整位置

（4）创建样条线，命名为“实训室窗梁 01”，如图 5-129 所示。

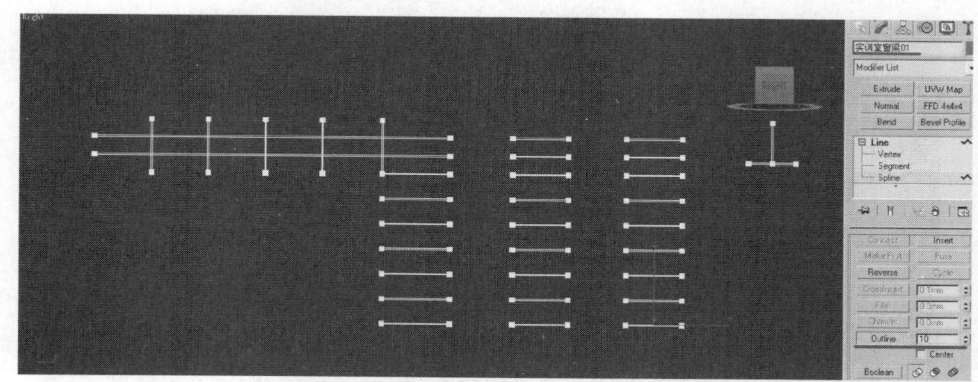

图 5-129　“实训室窗梁 01”的创建

（5）选择“实训室窗梁 01”，挤出后并调整位置，如图 5-130 所示。

图 5-130　“实训室窗梁 01”挤出后调整位置

（6）选中“实训室窗框 01”，复制一个命名“实训室窗玻璃 01”，删除“挤出”修改器，删除最外侧样条线再挤出，如图 5-131 所示。

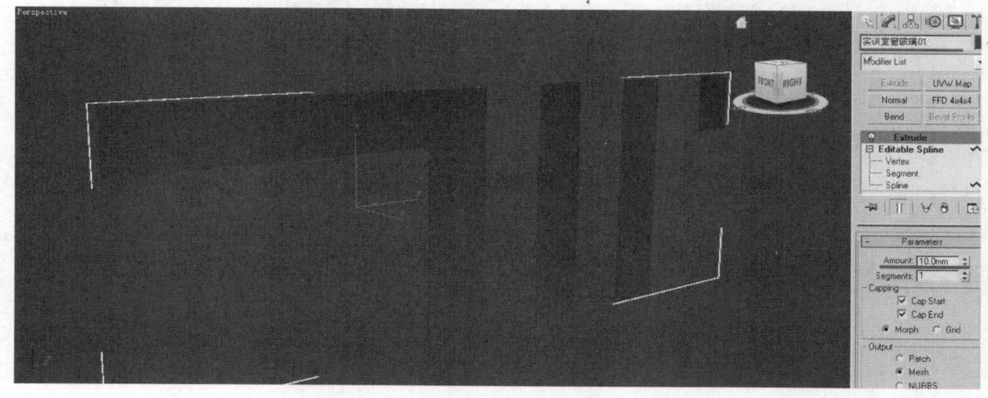

图 5-131　“实训室窗框 01”的创建

（7）实训室其他窗户的创建方法同上，如图 5-132 所示。

图 5-132　实训室其他窗户的创建

## 六、其他装饰的创建

前面基本上将教学楼的主体部分、实训室、窗户和门的模型制作完毕，其他装饰物的创建，如图 5-133 所示。在这里就不做过多介绍。

图 5-133　其他装饰物的创建

## 七、调配并赋予造型材质

当造型创造完成后，就要为各造型赋予相应的材质。材质是某种材料本身所固有的颜色、纹理、反光度、粗糙度和透明度等属性的统称。想要制作出真实的材质，不仅要仔细观察现实生活中真实材料的表现效果，而且还要了解不同材质的物理属性，这样才能调配出效果真实的材质纹理。

在调制材质阶段应当遵循以下几点原则。

**1. 纹理正确**

在 3ds MAX 中，通常通过为物体赋予一张纹理贴图来实现造型的材质效果，而质感是依靠材质的表面纹理来体现的，因此，在调制材质时，要尽量表现出正确的纹理。

**2. 明暗方式要适当**

不同的材质对光线的反射程度不同，针对不同的材质应当选用适当的明暗方式。例如，塑料与金属的反光效果就有很大的不同，塑料的高光较强但范围很小，常用“塑性”这种明暗方式来调制；金属的高光很强，而且高光区与阴影之间的对比很强烈，常用“金属”这种明暗方式来调制。

**3. 活用各种属性**

真实的材质不是仅靠一种纹理就能实现的，还需要其他属性的配合，例如“不透明”、“自发光”、“高光强度”、“光泽度”等，学生应当灵活运用这些属性来完成真实材质的再现。

**4. 降低复杂程度**

并非材质的调制过程越复杂，材质效果就越真实，相反，简单的材质调配方法有时更能表现出真实的材质效果。因此，在制作材质的过程中，不要一味追求材质的复杂性，也就是将所有属性都进行设置，而要根据照相机的视觉，灵活调配材质，例如，可以将靠近照相机镜头的材质制作得细腻一些，而远离镜头的地方则可以制作得粗糙一些，这样不仅可以减轻计算机的负担，而且可以产生材质的虚实效果，增强场景的层次感。

## 八、设置场景灯光

光源和创造空间艺术效果有着密切的联系，光线的强弱、光的颜色以及光的投射方式都可以显著地影响空间感染力。

在建筑效果图制作中，效果图的真实感很大程度上取决于细节的刻画，而灯光在效果图细部刻画中起着至关重要的作用，不仅造型的材质感需要通过照明来体现，而且物体的形状及层次也要靠灯光与阴影来表现。3ds MAX 提供了各种光照明效果，用户可以用 3ds MAX 提供的各种灯光去模拟现实生活中的灯光效果。

一般情况下，室外建筑效果图由于其照明依靠日光，因此光照较单一，而室内效果图就大不相同了，其光源非常复杂，光源效果不仅和光源的强弱有关，而且与光源位置有关。当在场景中设置灯光后，物体的形状、颜色不仅取决于材质，也同样取决于灯光，因此在调整灯光时往往需要不断地调整材质的颜色以及灯光参数，使两者相互协调。

无论室内还是室外，照明的设计要和整个空间的性质相协调，要符合空间设计的总体艺术要求，形成一定的环境气氛。

在建模和赋予材质的初期，为了便于观看，可以设置一些临时的照相机与灯光，以便照亮整个场景或观看某些细部，在完成建模和赋予材质后，则需要设置准确的照相机和灯光。

## 九、渲染输出与后期合成阶段

在 3ds MAX 系统中制作效果图，无论是在制作过程中还是在制作完成后，都要对制作的结果进行渲染，以便观看其效果并进行修改。渲染所占用的时间非常长，所以一定要有目的地进行渲染，在最终渲染成图之前，还要确定所需图像的大小，输出文件应当选择可存储 Alpha 通道的格式，这样便于进行后期处理。

室外效果图渲染输出后，同样需要使用 Photoshop 等图像处理软件进行后期处理，一般情况下，室外效果图的后期处理比较简单，只需在场景中添加一些必要的配景，例如盆景花木、人物和汽车等，另外，还需要对场景的色调及明暗进行处理，以增强场景的艺术感染力。

在处理场景的色调及明暗度时，应尽量模拟真实的环境和气氛，使场景与配景能够和谐统一，给人以身临其境的感觉。